AU PROFIT DES PAUVRES.

LES CHEMINS DE FER,

LA VAPEUR, LES SCIENCES,

la Télégraphie Électrique, les Hauts-Fourneaux,

L'ÉCOLE D'APPLICATION INDUSTRIELLE, &.,

PAR NAPOLÉON HENRY,

MÉDECIN A ARNAVILLE (Meurthe),

Ouvrage dédié à M. THIRION, Ingénieur en Chef à Metz.

Vitam humanam dotate novis inventis et potestatibus.

Dotez la vie humaine de nouvelles inventions et de nouveaux pouvoirs.

Prix : 1 fr.

METZ,

Chez BRENON, Libraire,

RUE DE LA PRINCERIE, 6.

1851.

IMPRIMERIE DE J.-P. TOUSSAINT,
PLACE D'AUSTERLITZ, 28.

Dès que M. de Samboeuf, de Corny (Moselle), un de mes amis, ex-employé de l'entreprise Borguet et Compagnie, apprit que cette brochure allait être livrée à l'impression, il s'écria spontanément :

« **Dédiée à M. Thirion, Ingénieur en Chef des Chemins de Fer de la Moselle, et le profit destiné au soulagement des Pauvres et des Blessés de cette Administration.** »

Oui ! la nature entière agonise à cette heure,
Et pourtant ce n'est pas de son deuil que je pleure !
Non, car je me souviens et songe avec effroi,
Que voici la saison de la faim et du froid !...

Tout en s'instruisant et en se mettant au niveau des connaissances modernes, le lecteur fera une bonne œuvre : il consolera la famille du pauvre. Il n'est plus permis aujourd'hui de rester en dehors du mouvement scientifique qui s'opère, et qui s'empare de tous les esprits.

HENRY, *médecin*.

LES NATIONS

A LEUR BERCEAU.

Dans les Etats de la haute antiquité, on voit très-bien deux périodes distinctes et successives de développement social.

Dans la première période, chaque peuple est livré à son propre génie, à sa propre force de perfectibilité, sans influence extérieure, sans contact ni mélange d'institutions étrangères. Les institutions qu'il se donne, les lois qu'il établit pour se régir, le gouvernement qu'il s'impose, les croyances et les rites religieux auxquels il se rallie, sont, dans le cours de cette période primitive, les résultats nécessaires des circonstances extérieures et déterminantes, aussi bien que des dispositions organiques et morales dont l'ensemble constitue le *génie*, le caractère propre de chaque peuple. De ce développement isolé, développement non seulement inégal dans son étendue, mais *différent* dans son ensemble chez les différents peuples, résulte pour chacun d'eux la physionomie morale qui les distingue.

Dans la seconde période de leur développement social, les anciens peuples ont entre eux, et de proche en proche, des communications matérielles d'abord, puis bientôt intellectuelles, et ces communications tendent à répandre chez les peuples les plus en retard dans leur développement social, c'est-à-dire dans leur civilisation aborigène, une partie des lumières acquises par les peuples les plus avancés. Mais en même temps que ces liaisons de peuple à peuple ont pour résultat nécessaire le progrès particulier de chaque civilisation isolée, et le progrès de la civilisation générale, elles tendent aussi plus ou moins à effacer le cachet original de la physionomie morale de chaque peuple, et à les rapprocher tous d'un type uniforme; témoin les sociétés civiles de l'Europe moderne; or, ces premières liaisons de peuple à peuple, ces premières communications modificatrices de leur organisation primitive, c'est principalement le *commerce* qui les fit naître. Sous ce rapport, le commerce se lie donc intimement à la politique, et tous deux, comme on voit, forment la base première de l'histoire des anciens peuples.

On peut tracer un tableau où chaque siècle passé est caractérisé par certains progrès de l'esprit humain ; le nôtre se distingue principalement par l'élan donné à la confection des grandes lignes de chemins de fer, par l'impulsion donnée aux bateaux à vapeur, à la navigation aérienne, etc.; c'est tout un nouveau monde!!

A l'aube de la civilisation, Ecbatane, Ninive, Babylone, s'apprêtaient à inonder les jeunes villes de la Grèce; mais une main invisible et providentielle leur opposa un Dieu en trois personnes : Miltiade à Marathon, Léonidas aux Thermopyles, et Thémistocle à Salamine. Ce n'était pas pour leur patrie seule qu'ils combattaient; l'éclat de leurs victoires devait réjaillir sur tout le genre humain. Si la Grèce avec ses *lettres*, ses *arts*, sa *civilisation*, avait succombé, les armées persanes étouffaient Rome dans son berceau, abîmaient Carthage sous ses trésors, et la Macédoine disparaissait laissant Alexandre avec son ambition. Quelle est donc la main qui mit un frein à toutes ces luttes? Ce fut le *commerce*, le grand principe pacificateur!!

LA VAPEUR.

GLOIRE A PAPIN, DE BLOIS.

1695.

De l'eau liquide encore on connaît les effets ;
De l'eau montée en gaz révélons les secrets.

L'ombre du grand Delille doit tressaillir : sa prédiction est maintenant une science mathématique acquise, c'est le triomphe du génie humain.

L'eau présentée à l'air aisément s'évapore ;
Ses vapeurs sur le feu montent plus vite encore :
Sitôt qu'à gros bouillons on la voit s'agiter,
La flamme à sa chaleur ne peut rien ajouter ;
Mais la vapeur du feu, qui, portée à s'étendre,
Avec agilité demande à se répandre,
Avec elle emportant, en nuages subtils,
Du fluide élément les esprits volatils,
Laisse paraître aux yeux l'exhalaison humide
Et tient en gaz légers sa matière liquide.

L'eau, quand l'air libre encor communique à ses flots,
Bout moins rapidement ; mais dans un vase clos
(Surtout quand de Papin l'hermétique clôture
Concentre dans l'airain la chaleur qu'il endure),
L'eau captive s'échauffe, et sa moite prison
Du fluide attiédi reçoit l'exhalaison.

Mais cette onde échauffée, avant qu'elle bouillonne,
Doit du gaz épaissi soulever la colonne,
Et vaincre, pour monter dans son bassin de fer,
Et ses propres vapeurs et le ressort de l'air.
Triomphante une fois de leur double puissance,
Elle ne contient plus sa vive effervescence;
Fougueuse, elle bondit, et de ses flots roulants
Agite avec fureur les tourbillons brûlants.

Selon moi, la cause des irruptions des volcans qui font trembler les entrailles de la terre, est peut-être moins l'effet des fermentations et des effervescences des matières sulfureuses et salines qui sont dans l'intérieur du globe, que la prodigieuse dilatation des matières inflammables, et de celles de l'eau qui se trouve dans les lieux voisins. L'eau réduite en vapeur se dilate si considérablement, qu'elle contient, lorsqu'elle est dans cet état, un volume treize à quatorze mille fois plus grand.

Assurément l'homme qui tira le premier d'une bouffée de vapeur une force à briser les montagnes, dut s'écrier avec orgueil : je puis maintenant, avec une goutte d'eau dans la main, défier toutes les puissances de la création. J'étais trop faible pour lutter corps à corps avec la matière; mais à présent je tiens le secret de Dieu : je vais créer comme lui d'une pensée! je vais susciter des entrailles du sol de nouvelles ébauches d'êtres organisés de la nature. J'étendrai le plâtre sur la brique et j'entrelacerai les muscles de cuir sur les vertèbres d'acier. Je soufflerai ensuite sur ces corps inertes, et je leur dirai : *vivez!!*

Cette innombrable génération de Machines, née de mon intelligence et armée de la force des volcans, viendra s'asseoir au milieu des nations comme une seconde humanité matérielle et passive, destinée à nous servir. Elle portera mon fardeau, elle fera mon travail, elle changera mon levier de chair pour le levier d'Archimède. Elle prendra le lin, le chanvre, le coton pour les tordre, les fouler et les tisser; le froment, la sésame, la betterave pour les moudre, pour les broyer et les distiller; le bois, le plomb, le cuivre pour les tourner, les pétrir et les polir; la matière enfin tout entière pour la modeler, la transformer, la contresigner de ma puissance. Moteur immobile au centre du monde, comme l'être universel de la métaphysique, je pourrai commander d'un geste à la nature; ma créature sera toujours là, bouillante et infatigable, pour exécuter mon commandement.

Voilà ce qu'a dû penser l'homme de génie le jour qu'il a senti la force de l'infini couler dans ses bras par la découverte de la vapeur. Il dut ajouter : j'ai vaincu maintenant la destinée et brisé le mystère de l'expiation; j'ai substitué à la victime vivante du travail une seconde victime; je lui ai repassé ma fatigue pour reprendre mon intelligence.

On sait l'incroyable rapidité avec laquelle on peut franchir l'espace sur les chemins de fer. Les convois ordinaires voyagent à raison de 36 kilomètres par heure. Cette vitesse à peu près triple de celle des malles-postes, est celle qui paraît le mieux concilier à la fois les besoins du commerce avec la sécurité des voyageurs, avec l'économie des frais de combustible et la conservation des machines motrices. Mais lorsqu'on ne regarde pas à la dépense (on sait que les frais de traction croissent comme les cubes des vitesses; ainsi pour une vitesse de 128 kilomètres, ils sont 80 fois plus considérables que pour une vitesse de 30), quand on ne craint pas de braver quelques dangers, dont la chance est beaucoup moins grande qu'on ne le suppose généralement, on peut aller beaucoup plus vite. M. Brunel a fait en 90 minutes le trajet de 193 kilomètres, de Londres à Bristol; c'est 128 kilomètres en une heure. Ainsi l'homme a dépassé la plus grande vitesse avérée des oiseaux : le fameux faucon qui, de Séville, est allé à Ténériffe en 16 heures, n'a fait que 89 kilomètres à l'heure, la distance entre ces deux villes n'étant que 1426 kilomètres (356 lieues). Lorsque le vent a une vitesse de 128 kilomètres par heure, c'est une très-grande tempête. Il n'y a donc plus d'exagération à dire que l'on peut aller aussi vite que le vent.

Que demande la société actuelle? le commerce et les moyens de communication prompts et faciles.

Bien avant la découverte et l'apparition de la vapeur, canaliser les rivières, établir des artères, des canaux de jonction, fut dans la pensée de presque tous les rois de France. Avant eux, Jules-César avait foi dans l'avenir de la Moselle; Vétus Lucius, général de Néron, projetait d'unir cette rivière à la Saône, le Rhin au Rhône, l'Océan à la Méditerranée.

Charlemagne voulait la jonction du Rhin au Danube. En 1662, Riquet devinant la pensée de Louis XIV, lui dit :

« Sire, ordonnez que les flots de l'Océan et de la Méditerranée se mêlent. » — « Que les mers soient unies », répondit le grand roi. C'est alors que Vauban, saisi d'admiration, s'écria : « Je donnerais, Sire, tout ce que j'ai fait et tout ce qui me reste à faire, pour être l'auteur d'un ouvrage si utile pour votre royaume. »

Que diraient aujourd'hui tous ces grands hommes, à l'aspect d'une locomotive!! L'avenir se déroule sous une longue zône industrielle; notre époque ne laissera presque plus rien à faire aux siècles futurs. Quoi de plus sublime qu'une machine à vapeur! C'est plus qu'une machine, c'est presque un *être;* ça marche, ça court; bien plus, ça respire: la vapeur qui sort périodiquement des cylindres et qui se condense en une fumée blanche, ressemble véritablement au souffle d'un cheval. Une machine à vapeur a un appareil respiratoire qui fonctionne comme le nôtre. Je me trouvais, il y a quelque temps, en Virginie, dit M. Michel Chevalier; je regardais le soir, au coucher du soleil, une machine locomotive qui arrivait de loin; la machine s'avançait rapidement; la cheminée, évasée par le haut comme une gueule béante, lançait des milliers d'étincelles; quoique à distance encore, on entendait le bruit de la respiration pressée des cylindres. Dans une vaste solitude, au sein d'un silence profond, il fallait ou être imbu d'incrédulité, ou savoir la mécanique, pour n'être pas tenté de croire que cette machine volante, haletante, fût un dragon ailé vomissant feu et flammes. Naguère encore, les Bramines voyant un bateau à vapeur braver et vaincre les courants des eaux sacrées du Gange, ont bien cru de bonne foi, eux les pères de la science antique, que c'était un animal inconnu récemment découvert par les Anglais.

Vous venez de voir la machine à vapeur manœuvrant sur le sol, vous avez jugé de l'effet qu'elle pouvait produire poétiquement; et si vous aviez assisté à sa première apparition sur l'onde, animant un steam-boat américain (bateau à vapeur), que d'émotions encore! quel spectacle!!

Comme un monstre amphibie enveloppé de brume,
Comme un léviathan (1), il s'avance, il écume,
Et tout tremble à sa voix, tout est frappé de peur;

(1) Crocodile du Nil.

Cyclope menaçant, aux poumons de vapeur,
De sa gueule au fond rouge il sort des étincelles,
Et l'on doute s'il nage ou bien s'il a des ailes.
Voyez-le soupirer, on dirait qu'il est las,
Qu'il porte en gémissant un monde, comme Atlas.
N'est-ce pas le Mammouth (1) enfui de sa caverne,
Quelque monstre échappé du ténébreux Averne (2),
Colosse qui dormait sous le Palétuvier,
Et qu'aux yeux étonnés ressuscita Cuvier?
A son mugissement, les forêts ébranlées
Voient s'enfuir dans les cieux les oiseaux par volées;
Le fleuve divisé déborde en écumant,
Et gronde sous le poids du Vésuve fumant.
L'Indien consterné, debout sur le rivage,
Comme un guerrier surpris, pousse son cri sauvage,
Et le Méchacébé, le vieux père des eaux,
Se réveille et se trouble en son lit de roseaux.
Au bruit du monstre ému que la vapeur anime,
Les poissons effrayés sont rentrés dans l'abîme;
Du fleuve abandonnant les flots bouleversés,
Sous le joug de Neptune ils se sont replacés.
Ah! gloire au grand Fulton! A la voile impuissante
Il a prêté l'essor de la vapeur naissante;
Pour ce monde animé, pour ce palais mouvant,
Qu'importent maintenant la marée et le vent?
Des longs fleuves troublés et des grands lacs limpides,
La roue aux bras vainqueurs scinde les flots rapides;
La distance n'est plus pour le bateau grondant;
Le Nord touche au Midi, l'Aurore à l'Occident.
L'homme, sans ce moyen, trop éloigné de l'homme,
Dans l'espace eût vécu, triste et stérile atôme;
Mais, comme en un seul centre unissant tous les lieux,
La vapeur le doua d'un attribut des dieux.
Aussi l'homme, sur terre ou dans l'air et sur l'onde,
Comme un éclair bientôt fera le tour du monde;
Avec son corps présent en même temps partout,
Aussi bien qu'avec l'âme il embrassera tout.

(1) Mammouth, mammifère monstre antédiluvien.

(2) Lac de Campanie d'où s'élevaient des exhalaisons méphitiques.

N'est-il pas vrai aussi que le long des grands fleuves, des canaux, des chemins de fer, les idées circulent en même temps que les marchandises, et que tout voyageur est plus ou moins missionnaire?

Attelons les volcans; qu'à tous nos horizons,
Le Vésuve et l'Etna fument par livraisons.

Le charbon, la houille, sont les matières premières, le limon de la création, de la prospérité industrielle; la vapeur devint l'âme du monde, l'électricité, la pensée de l'homme; la presse, le véhicule, l'air vital des sociétés; les chemins de fer, le système nerveux de la civilisation; les mers, les fleuves, les canaux, les grandes artères; l'Europe, le cœur de cette organisation, de cette physiologie commerciale; enfin les arts et les sciences sont les tendons de ce colosse qui étend ses grands bras sur l'Univers.

Les anciennes sciences s'étendent et s'appliquent; des sciences nouvelles s'élèvent; on pénètre dans les profondes obscurités de la terre; on y va découvrir les premières ébauches de la création; on s'élance dans les espaces jusqu'ici inaccessibles du ciel, après avoir complété le système de Newton dans l'empire borné de notre soleil. Revenant sur la surface de tous côtés visitée, et déjà presque trop étroite du globe, les hommes de notre siècle la resserrent par les prodiges de leurs inventions.

Les mers sont traversées par des vaisseaux sans voiles, que n'arrêtent plus les tempêtes, et les terres sont parcourues par des chars dont la vélocité et la force ne semblent plus dépendre que de la volonté humaine. Ainsi les pays se rapprochent, les esprit s'unissent, les pensées s'échangent, et, vainqueur de la nature, l'homme, reportant ses regards de sa demeure sur lui-même, aspire à découvrir par l'observation et par l'histoire les lois mêmes de l'humanité.

Depuis que vous avez ouvert les yeux au jour, vous jouissez délicieusement de la douce influence de ce bel astre qui remplit l'Univers de ses splendeurs. Eh bien! ce fluide lumineux, incoërcible, impondérable, qui vous échauffe et vous éclaire, la science peut vous dire avec quelle rapidité il franchit l'espace. Elle vous apprendra qu'un rayon de lumière achève le tour du monde en moins de temps qu'il n'en faut pour faire un clignement d'yeux, en beaucoup moins de temps qu'un habile coureur n'en mettrait à faire un pas. La science vous démontrera que dans une seconde la lumière parcourt 80 mille lieues; en 8 minutes elle franchira 38 millions de lieues, ou la distance qui sépare le soleil de notre planète.

Rapprochez ces grands phénomènes d'autres si exigüs, qu'on a peine à s'imaginer que la pensée puisse les saisir et encore moins les apprécier, les mesurer. Ainsi comprenez-vous, par exemple, comment on a pu s'assurer que l'aile d'un moucheron bat plusieurs centaines de fois dans une seconde?

Archimède, plongé dans un bain, sent le poids de son corps soulevé par le liquide; ce phénomène qui s'est répété tant de fois pour chacun de nous, sans pouvoir fixer un seul instant notre attention, excite les méditations de ce puissant génie. Il se demande pourquoi son corps est soulevé par l'eau, pourquoi le liége remonte à la surface, quand le plomb se précipite au fond? Le principe commun qui préside à tous ces mouvements contraires se révèle à son esprit, lui donne la solution des problèmes jusqu'alors insolubles, et plus tard conduit Mongolfier à la découverte des ballons. Les oscillations d'une lampe suspendue à la voûte d'une église attirent les regards de Galilée, il les observe... Bientôt *le pendule* appliqué aux horloges en règle le mouvement, apporte dans la mesure du temps une exactitude jusqu'alors inconnue; et aujourd'hui, à l'aide d'un simple fil de plomb, le géomètre détermine la forme de la terre, sonde ses abîmes, et pèse ce globe immense comme s'il le tenait dans sa main.

La chute d'une pierre est un phénomène trop familier pour être remarqué du vulgaire; Newton y voit un des plus grands mystères de la nature. Dans la force qui fait tomber les corps, il découvre le lien qui attache la lune à la terre, qui retient la terre elle-même et toutes les planètes dans les cercles qu'elles décrivent; il dévoile aux regards étonnés de l'homme, les lois immuables qui président à l'ordre de l'univers, et le législateur sublime grave son nom d'immortel sur le front de tous ces soleils qui brillent dans les cieux.

Vous parlerai-je du géologue qui, dans la poussière que nous foulons aux pieds au milieu des cailloux du chemin, découvre les débris des races éteintes, les lettres ignorées de ce livre immense où, sur des tables de pierre, est écrite l'histoire des révolutions du globe, des affreuses catastrophes qui ont bouleversé ces riantes vallées.

La science, en développant l'intelligence de l'homme, a grandi aussi sa puissance; faible, il gémit sous le poids de la matière; la science arme son bras d'un levier, lui apprend par quelles ingénieuses combinaisons il peut en augmenter la force; elle soumet à son joug ces esclaves robustes dont les muscles de fer ne fléchissent sous aucun fardeau, dont l'énergie ne connaît aucune résistance; dans leur poitrine d'airain, bouillonne une vapeur embrasée qui communique à tous leurs mouvements une activité sans bornes, mais à laquelle préside l'ordre le plus parfait, l'ordre qui repose sur le calcul. Que n'aurions-nous pas à dire, si nous entreprenions d'exposer les innombrables applications des forces ou agents naturels que l'homme emploie, ou peut employer comme auxiliaires dans les arts et dans l'industrie, pour accroître sa puissance et mener à fin une foule d'entreprises qui échoueraient infailliblement sans ce secours?

Pour nous former une juste idée de ce que sont ces forces cachées de la nature, que nous pouvons à volonté mettre en action, il suffira de considérer un seul fait. On sait que 36 litres de charbon, consommés convenablement, peuvent élever à un pied de haut 35 millions de kilogrammes pesant; c'est l'effet moyen d'une machine à feu qui est en activité dans le Cornwal en Angleterre. Voyons à quoi cela équivaut dans la pratique.

Le pont de Menai est un des ouvrages les plus étonnants qui aient été élevés de la main des hommes dans les temps modernes. Il est formé d'une masse de fer qui ne pèse pas moins de deux millions de kilogrammes; il est suspendu à une hauteur moyenne de 40 mètres au-dessus du niveau de la mer; 254 litres de houille auraient suffi pour l'élever à cette hauteur.

La grande pyramide d'Egypte est composée de granit. Elle a plus de 230 mètres de côté à sa base, 165 de hauteur perpendiculaire, et couvre 145 hectares de surface; son poids est donc de 6 380 millions de kilogrammes, en prenant pour hauteur moyenne 41 mètres. Il aurait par conséquent suffi pour l'élever 836 hectolitres de charbon, quantité consommée en une semaine dans quelques fonderies. La consommation de charbon qui se fait annuellement à Londres est évaluée à 10 620 000 hectolitres. La puissance que développe la combustion de cette quantité de combustible, pourrait élever un cube de marbre de 2 200 pieds de côté, à une hauteur égale à ce même côté, ou, en d'autres termes, suffirait pour placer l'une sur l'autre deux montagnes qui auraient pour dimension celle de ce bloc.

Le Monte-Nuovo, près de Pouzzoles, que vomit le volcan en une seule nuit, serait élevé par un effort semblable à 40000 pieds ou à plus de deux lieues et demie.

Ce sont là les prodiges de la vapeur, de cet agent naturel qui joue le rôle le plus important au milieu de toutes les sources de force employées aujourd'hui par l'homme. Rien ne saurait l'arrêter désormais dans la carrière indéfinie que son génie s'est ouverte à l'aide de ce puissant auxiliaire. La vitesse des vents était insuffisante à son gré; il a emprunté la force de la vapeur, et voilà qu'il franchit en moins de deux semaines l'Océan qui sépare l'ancien et le nouveau monde. Sur un chemin de fer convenablement tracé, il se meut plus rapidement que le souffle impétueux de la tempête.

Une locomotive marchant avec une vitesse ordinaire de 21 milles anglais (28 kilomètres) à l'heure, traverserait une distance de 500 milles anglais en 24 heures. En partant de Londres, elle atteindra les Indes orientales en 18 jours et demi, et Pékin, capitale de la Chine, en 11 jours. Elle ferait en 51 jours tout le tour de la circonférence de la terre; elle parcourrait la distance de la terre à la lune en 16 mois environ, et celle de la terre au soleil, en 500 ans.

Si le relief du globe oppose à l'homme des aspérités, des obstacles, il l'aplanit pour y ouvrir une libre voie à ses courses rapides. La vapeur intervient elle-même dans ces modifications gigantesques qu'il apporte au sol de notre planète. Déjà elle creuse les ports, les canaux, les rivières; bientôt on la verra employée à couper les montagnes, à combler les vallées (1). Développée sur une grande échelle, elle groupe autour de centres puissants d'actions des populations industrielles, qui n'ont d'autres occupations que de surveiller et diriger ses mouvements, d'alimenter sa puissance motrice; souvent elle

(1) Nous savons qu'on est sur le point de percer un tunnel à travers les Alpes, en construisant le chemin de fer qui doit relier la Savoie à la France. Annibal et Napoléon n'y pensaient guère. Les Pyrénées ouvriront leurs entrailles pour l'enfantement d'un souterrain, du fond d'une vallée française, au fond d'une vallée espagnole. C'est la paix européenne qui fera ces miracles pour l'industrie.

est fractionnée de manière à ne produire qu'une force équivalente à celle d'un cheval ordinaire; et, sous cette forme, elle s'introduit dans la chambre de l'ouvrier, dans la chaumière du cultivateur. Si elle est une source inépuisable de richesses pour les états pendant la paix, elle est destinée à devenir leur plus puissant auxiliaire pendant la guerre. Déjà nous voyons s'accomplir sous nos yeux les premières phases de la révolution qu'elle doit introduire dans la tactique navale. On a essayé en France, avec succès, d'ajouter des voiles aux bâtiments à vapeur, et on essaie en Angleterre d'ajouter des machines à vapeur aux bâtiments à voiles. Le vent et la vapeur cherchent donc à s'unir. La rapidité de mouvements que la vapeur prêterait à des armées, assure l'inviolabilité d'un territoire couvert d'un réseau convenable de voies de communication. Qui peut dire quel rôle elle est appelée à jouer un jour dans l'attaque et dans la défense des places, ou sur le champ de bataille? La vapeur, asservie à tous les besoins, à toutes les convenances d'un grand peuple, doit l'élever à un degré de puissance et de prospérité dont l'histoire ne saurait nous donner aucun exemple.

Personne ne met en doute les services que les sciences ont rendus aux arts et à l'industrie. Tout le monde reconnaît que les spéculations les plus abstraites ont eu, ou peuvent avoir des applications utiles. Quand les géomètres de l'école de Platon étudiaient les propriétés des courbes, que l'on obtient en coupant un cône par un plan, on ne prévoyait guère que 2000 ans après, Képler découvrirait l'identité de l'ellipse, l'une de ces courbes, avec les orbites décrites par les planètes autour du soleil, ni que Newton démontrerait, comme conséquence de la loi d'attraction universelle, la possibilité, et, jusqu'à un certain point, la probabilité de l'existence d'un grand nombre de comètes décrivant dans l'espace des courbes semblables aux deux autres sections coniques, la parabole et l'hyperbole, et donnerait les preuves les plus certaines de la liaison entre l'expression de cette loi et les mouvements géométriques des astres. Or, la théorie de Newton, en permettant de soumettre au calcul longtemps avant l'époque où ils doivent se produire, les phémonènes astrononiques les plus compliqués, a fourni à la navigation et à la géographie les moyens d'observation les plus sûrs et les plus exacts. Il n'y a donc pas de marin cherchant à déterminer sa route sur l'Océan, pas de négociant faisant le commerce d'outre-mer, pas de consommateur des produits exotiques, qui ne profite pour quelque part des travaux de ces trois grands hommes, Platon, Képler, Newton! Quelle admirable solidarité entre tous les âges et tous les membres du genre humain! L'histoire de la science fournirait un grand nombre d'exemples analogues.

Le cristal de roche est un des corps transparents à double réfraction, dont Rochon a fait le plus heureux emploi dans les lunettes marines et dans les lunettes astronomiques, pour déterminer par un calcul très-simple, et quelquefois même par la seule observation, si un corps qui se meut dans la direction du rayon visuel s'éloigne ou s'approche de l'observateur.

Lorsqu'on a découvert dans le quartz la propriété de la double réfraction, on ne présumait pas que cette double propriété, qui n'était alors que curieuse, serait un jour susceptible d'une application de l'importance de celle que nous venons d'indiquer; qu'elle pourrait servir, par exemple, à faire connaître sur le champ et par un artifice très-simple, si un vaisseau qui en poursuit un autre gagne ou perd de vitesse sur celui qu'il chasse, et qu'elle serait ainsi dans le cas d'avoir une influence considérable sur les plus grands intérêts de la société. C'est dans la science qu'ils ont puisé leur courage, ces hardis navigateurs qui, sur des vaisseaux, s'élancent à travers les vastes plaines de l'Océan.

La France en péril se voit sur le point de combattre sans armes un ennemi puissant; elle fait appel à ses enfants, la science vole à son secours; elle frappe le sol, le salpêtre jaillit de toutes parts à sa surface; un appareil formidable de guerre surgit tout-à-coup, et l'ennemi vaincu recule effrayé de tant d'audace et de puissance. C'est elle aussi qui, inspirant le génie des combats, trace la marche des batailles et désigne le but où doit se rendre la victoire.

Entre les mains de l'homme, par l'effet d'un art magique, les corps les plus vils subissent une heureuse transformation, et de son sein fécond s'échappent tous les jours de nouvelles richesses qu'elle livre aux arts et à l'industrie. Nous vivons entourés de ses bienfaits, et, souvent ingrats, nous méconnaissons celle qui nous les prodigue. Combien il saurait les apprécier, celui qui se réveillerait aujourd'hui après un sommeil de quelques siècles! L'abondance de nos cristaux, la grandeur, la multiplicité de nos glaces, nos horloges publiques, nos ponts de fer, la variété de nos étoffes, nos télescopes, notre gaz lumineux, nos machines de guerre, nos voitures à vapeur, la télégraphie électrique, lui paraîtraient autant de miracles, et lui feraient douter s'il est réellement sur cette terre qu'il habitait autrefois.

Cependant gardons-nous de penser que la science, en répandant le luxe et l'abondance, ne sache pas compâtir aux misères de ce monde; partout elle vient au secours des malheureux.

Des infortunés faisant marché de leur vie, en échange du pain qui doit nourrir leurs enfants, s'exposent aux dangers d'un travail insalubre et souvent mortel; elle accourt vers eux, et sa tendre vigilance protège leur généreux dévoûment. De pauvres malades entassés dans l'intérieur des hôpitaux meurent empoisonnés par les vapeurs d'une atmosphère pestilentielle; elle rend à l'air toute sa pureté, et fait disparaître ces horribles contagions qui, il y a quelques années encore, désolaient nos cités.

Enfin, est-il un des arts qui font la force et la gloire des nations, qui ne doive son origine à la science? Sur ses ailes, l'esprit humain s'élance en ce moment à la conquête de nouvelles destinées qui surpasseront peut-être encore tout ce que les âges précédents ont vu et admiré.

Les découvertes naissent les unes des autres; il y a entre tous les hommes illustres qui, depuis Pythagore jusqu'à Lagrange et Cuvier, ont éclairé, étendu le domaine de la science, une sorte de filiation qui prouve la nécessité d'un travail long et persévérant pour quiconque veut se rendre digne de marcher sur leurs traces.

CHEMINS DE FER.

Les chemins de fer sont dignes du siècle qui nous pousse; c'est la civilisation qui marche, qui se répand partout avec le jet de l'éclair. L'un des points par lesquels nos sociétés modernes diffèrent le plus des sociétés antiques, c'est sans contredit la facilité des voyages. Il n'y avait jadis que les patriciens qui pouvaient voyager; pour circuler même en philosophe, il fallait avoir de la richesse; les commerçants allaient en caravanes, moyennant un tribut aux Bédoins du désert, aux Tartares des steppes, aux petits princes perchés, comme des vautours, dans leurs châteaux bâtis aux défilés des montagnes; alors au lieu des diligences, la litière, ou le palanquin de l'Amérique espagnole ou de la vieille Asie, ou le chameau, ce navire du désert, ou encore les quatre bœufs attelés au char tranquille et lent; et, pour le commun des hommes, ou pour le guerrier au corps de fer, le cheval. Alors les routes étaient impraticables, hérissées de précipices et couvertes de brigands. De loin en loin, un hôte chez lequel les ancêtres du voyageur avaient reposé, recevait l'étranger par amitié : c'était l'histoire du fils de Tobie; les difficultés de locomotion enchainaient la masse des hommes à la glèbe, au sol qu'ils retournaient.

Améliorer les communications, c'est donc travailler à la liberté réelle, positive et pratique; c'est faire participer tous les membres de la famille humaine à la faculté de parcourir le globe qui lui a été donné en patrimoine. Les moyens de transport ont pour effet de réduire les distances, non seulement d'un point à un autre, mais encore d'une classe à une autre. Là où le riche et le puissant ne voyagent qu'avec une pompeuse escorte, tandis que le pauvre se traîne solitairement dans la boue, les broussailles, le mot d'égalité est un mensonge. Dans l'Inde, en Chine, en Turquie, le cultivateur, l'ouvrier, ne peut être tenté de se croire l'égal du guerrier, du bramine, du pacha, dont le cortége l'éclabousse en passant; au contraire, en Angleterre, en France, le mécanicien et l'ouvrier peuvent aller au bureau prendre leur place pour voyager en chemin de fer, et ont droit d'être assis dans la même voiture, sur la même banquette, côte à côte du baronnet et du duc et pair.

M. Arago a déroulé toute la série des rapides progrès qu'a faits en peu d'années la science des chemins de fer. Il a rendu intelligibles pour tous, les immenses inconvénients des régles trop absolues qu'on avait jusqu'à ces derniers temps imposées à cette nouvelle industrie, soit quand on prenait 3 à 4 millimètres pour limite supérieure des pentes, soit quand on repoussait aveuglément les courbes d'un royon modéré. Prenant la machine locomotive à son origine, il a dit comment et par qui elle s'était transformée. D'abord c'était un remorqueur destiné à se mouvoir sur les routes; plus tard, on la pose sur des rails; mais on craint qu'elle ne glisse sur ces corps polis, et on la munit alternativement de crémaillères et de jambes. On reconnait bientôt l'inutilité de ces accessoires; l'adhérence sur les rails est plus que suffisante pour faire avancer le remorqueur attelé de très-grands poids; mais on n'obtient qu'une marche lente, car on ne produit pas une quantité de vapeur suffisante pour engendrer un mouvement rapide; la surface de chauffe des chaudières n'est pas assez grande, le tirage du foyer trop faible. Un mot d'un ingénieur célèbre dans la construction des machines caractérise nettement le point où l'on en était encore à cette époque. M. Georges Stéphenson, interrogé par un comité d'enquête, osait à peine se porter fort d'atteindre la vitesse de 16 kilomètres à l'heure, et aujourd'hui on en fait aisément 64 et 74. On a mené le maréchal Soult à la vitesse de 96 kilomètres sur le rail-way de Liverpool, et un machiniste de Greatwestern a pu atteindre la vitesse de 160 kilomètres. Et pendant que la vitesse était ainsi augmentée, on simplifiait les mécanismes des appareils, on réduisait la dépense des combustibles, si bien que l'on consomme aujourd'hui moitié moins de coke pour parcourir un kilomètre, qu'on n'en brûlait il y a quatre ans. C'est l'expérience de ces pas de géant de la science des chemins de fer, qui nous fait entrevoir aux longues concessions de si graves inconvénients.

Voilà pour l'ancien système; mais des systèmes nouveaux ont été produits, et sont venus offrir aux ingénieurs de nouvelles ressources.

M. Arnoux, par une savante et ingénieuse combinaison, a fait disparaître le danger, ou pour mieux dire l'impossibilité matérielle que présentaient les courbes de très-court rayon; MM. Clegg et Samada ont rendu l'application du système atmosphérique pratiquement possible; M. Hallette y a introduit de nouveaux perfectionnements; M. Pecqueur a utilisé l'air comprimé; M. Franchot, l'air dilaté.

Un de mes amis, alors à Arnaville, m'annonce qu'un modèle réduit de la machine locomotive a été offert au roi Louis-Philippe par M. William Norris, de Philadelphie. On a fait construire exprès, pour cette locomotive en miniature, un petit rail-way dans les galeries du Musée de marine, au

Louvre, par notre éminent ingénieur M. Lebas. Ce railway a 90 mètres de longueur, 36 centimètres de largeur de voie, et il présente toutes les inégalités de surface et de passage en courbe du plus petit rayon (3 mètres 95 centimètres, sur 9 mètres de développement) que l'on pourrait jamais rencontrer dans la réalité. La locomotive miniature a remorqué un chariot à huit roues, dans lequel ont monté dix personnes, parmi lesquelles, le général Gourgaud. Le succès avec lequel il a eu lieu, au milieu des difficultés de terrain créées exprès, prouve les grands progrès faits par la science.

Les chemins de fer peuvent maintenant être construits dans toutes les localités où de très-petits rayons sont une condition obligée, et leur usage n'offrira aucun danger. — Je recommandai instantanément au roi Louis-Philippe ce que j'avais médité dans ma petite chambre, sur les bords du Rupt-de-Mad (Meurthe). Voici ce que je substituerais à la vapeur d'eau : « L'appareil ne différerait des machines ordinaires à vapeur que par la chaudière qui, au lieu d'avoir à vaporiser l'eau par l'application de la chaleur, devrait la décomposer, au moyen du galvanisme, en ses deux élémens constituants, l'hydrogène et l'oxygène, et aurait, par suite, une disposition un peu différente. Les deux gaz, après s'être comprimés dans cette chaudière, passeraient chacun par un conduit différent, dans le corps de pompe, et tendraient, par le seul fait de leur dilatation, à faire monter le piston; mais de plus, à ce moment, se trouvant en présence l'un de l'autre, et arrivant sur une éponge de platine, il y a recomposition avec explosion, et le piston est chassé, comme le boulet, par la déflagration de la poudre. » — Toutes ces inventions sont revêtues d'un caractère sérieux et pratique qui appelle l'attention du gouvernement.

Deux barres de fer parallèles, nommées rails, fixées invariablement sur le sol, constituent un chemin de fer. Les roues des voitures sont construites de manière à reposer seulement sur les rails, et à ne pas les quitter dans les plus grands mouvements. La force de traction nécessaire pour faire marcher une voiture sur un chemin de fer horizontal, est à très-peu près égale à la deux centième partie de son poids. Cette force suffit pour vaincre la résistance due au frottement des roues sur les essieux et sur les rails. La résistance est plus forte sur les routes ordinaires ; elle est un vingt-cinquième du poids, même sur une chaussée pavée ;

ainsi un cheval traîne sur un chemin de fer horizontal une voiture sept à huit fois plus lourde que sur une route pavée. Une si grande diminution dans la force motrice, assure aux chemins de fer une grande supériorité sur les autres voies de communication. Le cheval, dont la faible quantité d'action diminue à mesure que l'on accélère sa marche, suffit pour des transports ordinaires; mais la vapeur est réservée pour de plus grands effets; une machine à vapeur fait tourner les roues du chariot remorqueur qui la porte; le frottement résultant de cette rotation empêche les roues de glisser; les roues se développent sur les rails, et le remorqueur entraîne, avec une vitesse plus ou moins considérable, un convoi de plusieurs wagons. La pente la plus légère suffit pour occasionner une diminution notable dans la vitesse, et la courbure du chemin présente de graves inconvénients.

Un chemin de fer doit être tracé de manière à ce que les pentes soient très-faibles, et atteignent à peine 5 millimètres par mètre; il faut qu'il soit en ligne droite, ou composé de lignes droites réunies par des courbes de raccordement d'un rayon d'au moins 1 000 mètres.

L'emploi des machines locomotives avec des chariots à essieux invariables et parallèles, exige des courbes de raccordement d'un grand rayon, pour donner aux arcs concentriques, des rails de longueurs sensiblement égales, et pour rendre aussi petite que possible, la force centrifuge qui se développe dans ces courbes, et qui tend à jeter les voitures hors des rails.

Sur un chemin horizontal, la résistance que les wagons opposent au mouvement est seulement due au frottement; mais sur un chemin peu incliné, leur poids oppose une grande résistance à l'action du remorqueur. Ainsi pour faire monter un convoi sur une rampe seulement de 5 millimètres par mètre, la machine locomotive doit avoir une force double de celle qui est nécessaire pour pousser le convoi avec la même vitesse sur un plan de niveau.

Une faible pente exige donc une grande augmentation de force, et par conséquent de dépense, quand on veut conserver la même vitesse. Lorsqu'un chemin de fer doit racheter une grande différence de niveau, on peut quelquefois étendre un peu son développement pour diminuer les pentes et les frais de traction. La pente de 5 millimètres, si favorable à l'action de la force, est d'ailleurs une pente limitée; car dans l'état actuel des rails et des roues des wagons, placés sur un chemin d'une inclinaison un peu au-delà de 5 millimètres, ils ne seraient pas assez retenus par le frottement pour rester en repos; ils descendraient la rampe par la seule action de leur pesanteur, avec une vitesse accélérée.

Les chevaux s'habituent au bruit du canon, mais ils s'emportent au sifflement de la vapeur; ils se fâchent même. Exemple:

Un cheval vit un jour, sur un chemin de fer,
Une machine énorme, à la gueule enflammée,
Aux mobiles ressorts, aux longs flots de fumée.
« En vain, s'écria-t-il, ô fille de l'enfer!
En vain tu voudrais nuire à notre renommée:
Une palme immortelle est promise à nos fronts;
Et toi, sous le hangar, honteuse et délaissée,
Tu pleureras ta gloire en naissant éclipsée. »
— « De vitesse avec moi veux-tu lutter? » — « Luttons,
Dit la machine; enfin ta vanité me lasse! »
Elle part, elle roule, et dévore l'espace.
Il galope, il galope, et d'un sabot léger
Il soulève le sable, et vole dans la plaine.
Mais il se berce, hélas! d'un espoir mensonger:
Inondé de sueur, épuisé, hors d'haleine,
Bientôt l'imprudent tombe et termine ses jours.
Et que fait sa rivale?... Elle roule toujours...
....
La routine au progrès veut disputer l'empire;
Le progrès toujours marche, et la routine expire.

Une cause première de l'explosion des machines à vapeur, c'est le contact subit d'une masse d'eau avec les parois surchauffées de la chaudière; alors il se forme, par ce contact, une production considérable de vapeur qui fait éclater le bouilleur, en dépit de ses soupapes de sûreté: celles-ci n'ont pas le temps de jouer.

Deux circonstances peuvent amener l'eau tout-à-coup sur les parois rougies de la chaudière: tantôt la couche de sédiment formée par les sels calcaires contenus dans l'eau, venant à se détacher du fond de la chaudière, l'eau se trouve immédiatement en contact avec les parois mises à nu et surchauffées; tantôt le niveau du liquide venant subitement à changer, des parties surchauffées sont envahies par l'eau, et celle-ci se réduit encore instantanément en vapeur.

On remédie à cet inconvénient en enlevant avec soin le sédiment, à mesure qu'il se forme. Quant à l'élévation du niveau de l'eau dans la chaudière, il faut des soins, de manière à maintenir ce niveau constant.

De tous les moyens préconisés jusqu'à ce jour, pour prévenir le danger d'explosion par défaut d'eau dans la chaudière, le meilleur est celui-ci: dans l'intérieur de la chaudière se trouve un levier à bascule; une de ses extrémités porte une tige montante qui peut soulever une des deux soupapes de sûreté, malgré le poids qui la presse; l'autre extrémité du levier porte un flotteur puissant.

Quand l'eau s'abaisse un peu au-dessous du niveau convenable, la soupape s'entr'ouvre et laisse perdre la vapeur; si l'abaissement de l'eau continue, la soupape s'ouvre de plus en plus, et enfin tout-à-fait, de manière à interrompre tout fonctionnement de la machine que la vapeur met en mouvement. Si dans cet état on veut ajouter de l'eau, comme elle arrive par petit volume, en supposant même qu'elle soit réduite en vapeur subitement, celle-ci s'échappera par la soupape demeurée ouverte, qu'on ne peut fermer autrement qu'en achevant de remplir la chaudière jusqu'au niveau convenable. On conçoit que celle des deux soupapes qui doit être soulevée, doit avoir de grandes dimensions pour que la plus petite perte de vapeur puisse donner un avertissement bruyant. (C'est le sifflet.)

Il y a quelque temps, le mécanicien de la machine à vapeur de la mine de Cramlington, reçut une commotion électrique au moment où il approchait une main du levier de la soupape de sûreté, l'autre étant plongée dans la vapeur qui s'échappait de la fissure d'un enduit isolant.

Dans les jours suivants, les expériences prouvèrent que cette vapeur était positive, qu'elle cessait d'être électrique lorsque la chaudière était nettoyée en dedans; qu'elle ne redevenait électrique qu'après la formation d'un dépôt salin; que la tension croissait avec l'épaisseur de ce dépôt, et qu'une plus haute pression suspendait pour un moment la production électrique. Cette découverte modifie aujourd'hui la théorie de l'électricité.

La France revendique l'invention des chariots à vapeur, dont M. Blenkinsop, en Angleterre, a fait une si utile application pour le transport des houilles de Newcastle. Nos rivaux d'outre-mer ne peuvent ravir à MM. Montgolfier et Cugnot la gloire de l'invention. Montgolfier avait construit un petit char à vapeur dans lequel il promenait sa famille, dans les allées de son jardin.

Par une fatalité inexplicable, le grand Napoléon n'ajoutait presque pas foi à l'avenir de la vapeur.

En 1803, l'américain Fulton fit, à Paris, un bateau à vapeur, qui marcha passablement; mais découragé et abandonné du gouvernement, il retourna à New-Yorck en 1807, où il lança le premier bateau à vapeur. On donna le nom de *Fulton* à ce bateau, et ce fut alors que l'empereur Napoléon s'écria : « On aurait dû me faire connaître cet homme!! » (Ce fait je le tiens de M. Larochefoucauld Liancourt, 1826).

CHEMIN DE FER ATMOSPHÉRIQUE.

Les savants qui s'occupaient de chemins de fer en 1843, se rappellent sans doute qu'à cette époque un petit chemin d'essai, conçu d'après un nouveau système, fut construit à Chaillot. L'invention était alors dans son enfance, et si quelques esprits pénétrants furent frappés de ce qu'elle renfermait d'ingénieux, la grande masse du public n'y vit qu'un joujou d'enfants. Les inventeurs ne se découragèrent pas; loin d'abandonner leur idée, ils la poursuivirent, ils en simplifièrent, ils en perfectionnèrent la mise en pratique; et lorsqu'ils crurent l'avoir amenée à l'état de maturité, ils établirent aux portes de Londres, non plus un modèle de petite dimension, mais un chemin de grandeur ordinaire, long de 800 mètres et mis en mouvement par une machine à vapeur de 16 chevaux.

Tous les hommes intéressés au succès des rails-ways furent conviés aux expériences entreprises sur le chemin de fer; tous prirent place dans les voitures auxquelles la pression atmosphérique imprimait une vitesse de 40 à 48 kilomètres à l'heure. Mais un système qui arrivait à supprimer les locomotives, dans un pays où tous les ingénieurs célèbres sont plus ou moins intimement intéressés au succès des ateliers dans lesquels se confectionnent ces appareils, devait soulever des oppositions nombreuses. Personne en Angleterre ne voulut essayer de ce système nouveau.

C'est à l'Irlande qu'était réservé l'honneur d'oser ce que l'Angleterre n'avait pas osé, d'accueillir l'invention repoussée par la mère patrie. Grâce aux efforts de deux hommes qui ont déjà rendu à la cause des chemins de fer de si éminents services, MM. James Pim et Bergin, placés l'un et l'autre à la tête d'un chemin justement cité comme un petit chef-d'œuvre de bonne organisation, les propriétaires du rail-way de Dublin à Kingstown se décidèrent à essayer une application du système atmosphérique entre Kingstown et Dalkey; le parlement accorda à titre d'encouragement un prix de 625 000 fr. à cette nouvelle entreprise. Maintenant qu'entend-on par l'expression un peu vague du rail-way atmosphérique? Le caractère essentiel des chemins de fer étant la grande célérité et la grande économie qu'a amenées la substitution des moteurs mécaniques aux moteurs animés, le mot de chemin de fer entraîne toujours à sa suite l'idée d'un appareil à vapeur fixe ou mobile, qui imprime le mouvement aux voitures, soit directement, soit par l'intermédiaire d'un câble. La force motrice de ce nouveau chemin qui nous occupe, est puisée dans la pression qu'exerce l'atmosphère sur tous les corps soumis à son action; de là le nom de rail-way atmosphérique. L'existence de cette pression atmosphérique n'est un mystère pour personne, bien qu'elle ne signale sa présence par aucun phénomène saillant, parce que dans l'état ordinaire des choses, elle agit également sur tous les corps et dans tous les sens, de sorte qu'elle détruit elle-même ses effets apparents. Son intensité d'ailleurs est connue et mesurée par le poids de la colonne de mercure, qui, dans les baromètres, lui fait équilibre. Ce poids est d'un kilogramme par chaque centimètre carré de la surface sur laquelle elle s'exerce. Si donc on place entre les rails d'un chemin de fer, construit à la méthode ordinaire, un tube cylindrique parfaitement hermétique, et renfermant un piston de pompe susceptible de se mouvoir, et que par un moyen quelconque on soustraie à la pression atmosphérique une des deux divisions ainsi établies, la surface du piston laissée en communication avec l'air sera pressée par une force égale en kilogrammes, au nombre des centimètres carrés qu'elle contiendra. Le piston sera donc entraîné par cette force, et avancera aussi longtemps qu'elle subsistera; il avancera avec une vitesse égale à la rapidité avec laquelle on fait le vide derrière lui, et, dans ce mouvement, il sera capable d'entraîner toute charge qui, par ses frottements ou les frottements accessoires de l'appareil, n'équivaudra pas à la pression qu'il supporte.

Voilà le principe. Mais du principe à l'application il y a encore une grande distance. Comment, en effet, lier le piston à la charge qu'il doit traîner? — Exécuter, comme le proposait M. Vallance, des cylindres de fonte assez larges pour recevoir à leur intérieur les voitures de passagers et le chemin de fer destiné à les porter? Enoncer cette solution, c'est en faire ressortir le ridicule. — Adopter la soupape hydraulique imaginée par Medhurst, qui tenait bien les voitures en dehors du tube, mais qui nécessitait un chemin de fer de niveau dans toute sa longueur? Il n'y faut pas songer davantage.

On comprend donc les difficultés qu'ont dû vaincre les promoteurs de ce système, pour arriver à lier entre eux, par une tige rigide et solide, le piston contenu dans l'intérieur du tube, et les voitures maintenues à l'extérieur, sans détruire le vide qu'ils établissent artificiellement. Mais tenons ce résultat pour obtenu dans une certaine mesure, et c'est sur ce degré de perfection que doivent prononcer l'expérience et l'épreuve. N'est-il pas vrai que les causes d'insécurité sur les chemins de fer, constatées par de tristes expériences, disparaîtront immédiatement? Plus d'incendies, plus de ruptures d'essieux des locomotives; les déraillements devenus extrêmement difficiles, puisque les voitures sont liées à la voie par un point fixe; les collisions rendues impossibles, car l'action motrice ne peut s'exercer simultanément sur plusieurs trains allant, soit dans le même sens, soit dans des sens opposés! Et en même temps que les chances d'accidents disparaissent en grande partie, la vitesse possible devient pour ainsi dire sans limites. La rapidité de la marche du piston ne dépendrait que de la célérité avec laquelle on enlèverait l'air derrière lui; elle ne diminuerait pas avec les pentes, ce qui permettrait de modifier, du tout au tout, les règles acceptées dans les constructions des rails-ways; ce qui, en France, nous amènerait infailliblement à établir nos chemins de fer sur un des accôtements de nos routes nationales, sans nouveaux bouleversements du sol et des propriétés, sans déplacement des voies aujourd'hui suivies par l'industrie des transports.

Au moyen de la pression atmosphérique, M. Leweski a obtenu une économie de 90 p. % et une vitesse au moins égale, sinon supérieure, à celle des meilleures machines à vapeur, sans le moindre danger. La force motrice étant développée par la raréfaction de l'air, derrière un piston pressé par la colonne atmosphérique sur son autre face, il est nécessaire de mettre le tube dans lequel on opère le vide plus ou moins parfait, en communication avec un appareil plus ou moins pneumatique, mû par une machine à vapeur, ou, à l'occasion, par une machine hydraulique. Quelle force devra-t-on donner à ces appareils, et à quelle distance faudra-t-il les placer les uns des autres? C'est là un premier point sur lequel, s'aidant des formules mathématiques, on peut bien hasarder des conjectures, mais il faut que l'expérience intervienne. Il faut bien remarquer en effet que ces tubes et ces soupapes inaccessibles à l'air, que la théorie conçoit, ne peuvent jamais être réalisés dans la pratique.

Ils ne peuvent l'être surtout dans un appareil exposé aux intempéries des saisons, destiné à fonctionner continuellement sur une très-grande longueur, qui n'admet pas, conséquemment, les organes délicats, les mécanismes compliqués; et tel est le cas du rail-way atmosphérique.

La nécessité où l'on est de lier entre eux le piston moteur et les voitures placées sur les rails, a fait pratiquer tout le long du tube une ouverture assez large pour donner passage à une tige métallique. Une soupape en cuir, bordée de lames de fer, recouvre cette ouverture lorsqu'on veut faire le vide, s'ouvre lorsque la tige de connexion du piston avec les voitures se présente, et se referme dès que cette tige est passée. Or quelle que soit la perfection du contact de la soupape avec le tube, la précision des mouvements de la soupape, il est impossible qu'il ne s'effectue pas des rentrées d'air considérables, et dès lors il faut que l'appareil pneumatique soit assez puissant, non seulement pour enlever l'air primitivement contenu dans le tube, mais aussi pour contrebalancer les effets de ces rentrées.

C'est effectivement pour atteindre ce dernier but, qu'on est obligé de donner aux machines fixes une puissance assez considérable. Dans l'appareil d'essai établi près de Londres, les deux cinquièmes de la force de la machine aspiratrice étaient employés à extraire l'air rentré pendant la marche; d'où l'on devait conclure que, pour produire une vitesse de 48 kilomètres à l'heure, dans un tube de 3 kilomètres, comme celui de Dalkey, il faudrait une force de 21 chevaux pour neutraliser les effets de la rentrée de l'air, alors que la force nécessaire pour produire la marche, ne serait que de 19 chevaux. On peut en dire autant des pertes de forces, imputables aux frottements, au soulèvement et à la fermeture de la soupape, qui paraissent absorber 15 p. % de la force motrice totale.

Toutefois, et c'est là ce qui recommande particulièrement l'invention du rail-way atmosphérique, en prenant les résultats obtenus de l'appareil d'essai tels qu'ils sont; en supposant que la pratique du chemin de Dalkey vienne seulement les confirmer, on arrive à conclure que le mode de propulsion atmosphérique offre, dans un grand nombre de cas, un avantage marqué sur les systèmes usités aujourd'hui, au point de vue de l'économie des dépenses d'exécution première et d'exploitation, et qu'il a toujours une supériorité incontestable, au point de vue de la sécurité combinée avec la grande célérité de la marche.

La pompe pneumatique, mue par machine à vapeur de 100 chevaux, est disposée à pouvoir desservir plusieurs lignes. Le tube dans lequel doit se mouvoir le piston a un diamètre de 45 centimètres, et une épaisseur moyenne de 16 millimètres et demi; il est en fonte brute, et pèse 2 quintaux métriques par mètre courant. A part ce tube, placé entre les rails, la construction de la voie ne présente rien de particulier, si ce n'est que les rails, n'ayant plus à supporter que le poids énorme des locomotives, ont pu être réduits de dimensions, conséquemment de poids. En général, ils pèseront 25 kilogrammes par mètre linéaire.

Le chemin d'essai commence par un plan de niveau, long de 800 mètres; le profil s'incline ensuite, suivant une pente uniforme de 9 millimètres, puis se termine par une pente de 17 millimètres et demi; les courbes ont souvent des rayons très-courts (214 et 176 mètres).

L'essai a parfaitement réussi; trois voitures furent placées à la station de Kingstown; à la première était attaché le piston qui se meut dans le tube, et une mécanique pour modérer la vitesse du train, et s'arrêter à Dalkey. Une mécanique de cette sorte fut aussi attachée à la deuxième voiture, qui contenait un grand nombre d'ouvriers; tout étant prêt, une machine à vapeur de Dalkey mit en mouvement la pompe pneumatique; elle marcha si bien, qu'en une demi-minute le vide fut obtenu dans le tube; le train partit, et quatre minutes après, il avait atteint Dalkey.

Au milieu des courbes les plus raides, la machine marche avec une facilité étonnante. Le train glisse sur les rails presque sans qu'on s'en aperçoive : point de fumée, pas de bruit, comme dans les chemins de fer à vapeur. Le succès complet de cette expérience prouve que la pression de l'air atmosphérique peut être employée aux chemins de fer.

Comme on le voit, la vitesse moyenne a été de 30 kilomètres par heure; mais comme les premiers moments de la marche sont toujours très-lents, et qu'il est nécessaire de ralentir quelques instants avant l'arrivée, la vitesse maximum est beaucoup plus considérable. Un jalonnement de chemin préparé a permis de calculer cette vitesse maximum, qui a été de 50 kilomètres; la machine pneumatique qui, en temps ordinaire, devra donner 20 coups de piston à la minute, avait été réglée pour 12 coups; on avait également décidé que l'on partirait sous une pression de 11 pouces de mercure seulement; de sorte que, dans l'état normal des choses, on obtiendra une vitesse beaucoup plus considérable.

CHEMIN DE FER HYDRAULIQUE.

A peine les dernières nouvelles de Dalkey confirment-elles l'éclatant succès du système des chemins de fer atmosphériques, que déjà M. Shuttleworth, ingénieur anglais, propose, sous la dénomination de chemins de fer hydrauliques, un autre système qui l'emporte sur tous les autres. Ce système repose sur le principe de l'obtention d'une force motrice au moyen de la pression hydraulique. A cette fin, on élèvera le long du rail-way, jusqu'à une hauteur de 50 mètres au-dessus du niveau du chemin de fer, de vastes réservoirs d'eau, lesquels seront de deux espèces: les réservoirs principaux et les réservoirs intermédiaires. Les premiers seront établis à chaque station, et serviront à approvisionner d'eau, au moyen de tuyaux horizontaux, les réservoirs secondaires, dont il y aura un certain nombre de distance en distance, entre les stations. Un second mécanisme de tuyaux courbes conduit l'eau, des réservoirs, dans les canaux de propulsion ou cylindres qui font marcher le convoi sur le rail-way.

On voit par là que ce système repose sur le même principe que celui du chemin de fer atmosphérique, avec cette différence que c'est la pression de l'eau, au lieu de celle de l'air, qui sert de force motrice. La pression de l'eau, qui descendra de 60 mètres de hauteur dans les tuyaux verticaux, sera telle, qu'avec une pression hydraulique de 5 à 6 atmosphères, on pourra obtenir une vitesse de 44 kilomètres par heure.

Avec ce système, les chemins de fer pourront franchir les montagnes comme des routes ordinaires, puisqu'on pourra monter des rampes de 1 à 20, c'est-à-dire de 50 mètres d'inclinaison, sur une longueur d'un kilomètre, sans que la rapidité de la marche en souffre considérablement. Si l'auteur peut parvenir à ce résultat, il faut convenir que son système mérite, sous ce rapport, la préférence sur tous ceux qui sont connus jusqu'ici.

CHEMIN DE FER ÉOLIQUE.

Suivez-moi vers le Cours-la-Reine, au N° 12, à Paris, et vous assisterez au spectacle le plus sérieusement curieux qu'il soit possible de voir. Deux hommes tournent une roue; ils compriment de l'air, et cet air va s'emprisonner dans de longs canaux invisibles, sous le sol: ce sont là les antres d'Eole. Ce Dieu qui, du temps de Virgile, ne savait que diriger les tempêtes, se pose aujourd'hui comme le régulateur de l'industrie humaine. Regardez: voici une machine à vapeur sans eau et sans feu; il suffit d'ouvrir ou de fermer un robinet, et la machine docile marche ou s'arrête, et accomplit tout travail qu'on peut obtenir d'un mouvement circulaire.

Voulez-vous maintenant faire une course en chemin de fer? Voici un char éolique; montez. Où est la locomotive? il n'y en a point. Et les chevaux? il n'y a que ceux d'Eole, et ils sont invisibles. Attendez; le signal est donné, et vous êtes entraîné sans secousse et sans bruit; vous prenez tout de suite une vitesse de 8 à 10 lieues à l'heure, qui bientôt serait de 20 lieues, s'il ne fallait pas vous arrêter immédiatement, car quelques secondes ont suffi pour parcourir la ligne qui n'a que quelques centaines de mètres. Cependant vous avez monté une côte et tourné dans une forte courbe; et, revenant par la gravité, vous retournez au point de départ. En résumé, le système de M. Andraud est l'inverse des chemins de fer atmosphériques, en ce sens, qu'au lieu du vide, il fait usage de l'air comprimé, remplace les locoomtives par un tube propulseur en étoffe imperméable, qui, au moyen de la pression de l'air, fait avancer un rouleau placé sous le wagon. Non seulement il n'y a plus de locomotives, mais plus de convois, les wagons marchant isolément, ce qui permet de les faire beaucoup plus légers, et d'avoir des départs en peu de minutes d'intervalle.

Les avantages de ce système seraient une entière sécurité, un service plus commode pour la continuité des départs; une économie de moitié dans les constructions, qui n'auront plus à supporter que des wagons de 15 à 1800 kilogrammes, au lieu de locomotives de 25000 kilogrammes, et des convois qui pèsent plus de 100 000. Ce système qui, par la légèreté des constructions, permettra de faire pénétrer les lignes jusque dans l'intérieur des villes, est d'un haut intérêt pour la Capitale. On pourrait, notamment, l'établir en viaducs, au-dessus des trottoirs, des quais, qui deviendraient, pour les piétons, des galeries couvertes.

CHEMIN DE FER FLOTTANT.

Il va s'opérer, dans le système des stéamers, une révolution semblable à celle que l'invention des locomotives a déjà opérée dans le système des transports par terre. Il ne s'agit rien moins que de voyager sur l'eau avec autant de facilité, de sécurité et de vitesse, et cela au moyen d'un *Chemin de fer flottant* ou *bateau roulant*, d'une incroyable simplicité. On appelle aussi cette découverte *Mondotienne*, du nom de son inventeur, qui est français.

C'est tout simplement un tonneau horizontal, creux, entièrement vide, de 70 mètres de longueur sur 6 mètres de diamètre intérieur, construit en bois, membré et cerclé en fer, muni d'aubes à l'extérieur sur toute sa longueur, comme une roue hydraulique, et aux deux bouts duquel on a pratiqué, au centre des parois verticales, une ouverture circulaire, espèce de sabord, de 1 mètre 60 de diamètre, servant de porte d'entrée, dont le pourtour dessine le bord du bateau, et dont la partie la plus basse reste toujours au-dessus de l'eau. Dans l'intérieur de ce tonneau, et à égale distance des deux bouts ou têtes, on a disposé une voie de chemin de fer sans fin, composée de deux rails circulaires ou anneaux verticaux en acier fondu, sur la partie inférieure desquels se place, absolument comme sur un chemin de fer ordinaire, une locomotive à 4 ou 6 roues; seulement, ici, c'est le chemin de fer qui se meut sous la locomotive dont les roues seules tournent, et qui occupent toujours la même position horizontale. Le même effet se produit exactement par le mouvement de l'écureuil dans sa cage. La locomotive porte au-dessus d'elle un plancher horizontal garni de hamacs, de fauteuils, pour les voyageurs.

Dans les temps les plus reculés, ce fut toujours le commerce qui donna une existence pacifique aux nations; ce sont aujourd'hui les chemins de fer, les bateaux à vapeur, qui réclament le percement des isthmes de Suez et de Panama. L'Afrique, située au midi de l'Europe, est bornée de tous côtés par la mer, excepté dans un espace d'environ 200 kilomètres, que l'on nomme l'isthme de Suez, qui sépare la Mer-Rouge de la Méditerranée.

Le canal de l'isthme de Suez fut commencé par Néchos, fils de Psammétique, terminé par Darius, fils d'Hystaspe, rétabli par Ptolémée Philadelphe; il fut en activité pendant la domination des Lagides, et entretenu par les Romains jusqu'au règne de Marc-Aurèle; des ensablements l'obstruèrent; le calife Omar le rendit praticable, et, 120 ans après, le calife Al-Manzor le fit combler.

Le commerce européen veut qu'on lui rende sa première destination : on ne fera plus ce grand circuit par le Cap de Bonne-Espérance.

Quant à l'isthme de Panama, il y a une compagnie autorisée par le gouvernement de la Nouvelle-Grenade, à construire un canal entre les deux Océans Atlantique et Pacifique. Ce sont les plus belles entreprises qui puissent être réalisées sur la terre.

Si le canal devait être tracé du Caire à Suez, il est certain qu'un chemin de fer devrait lui être préparé, parce que la navigation serait intermittente, le canal s'alimentant des eaux du Nil, et ne pouvant servir que dans la saison des hautes eaux du fleuve, six mois par an la navigation y étant suspendue.

Oui! parmi les grandes choses accomplies ou méditées par le génie industriel des temps modernes, il en est deux qui peuvent susciter, dans les rapports mutuels de l'Europe et des autres parties du monde, une de ces révolutions dont Vasco de Gama a donné l'exemple, il y a trois siècles, en doublant le Cap de Bonne-Espérance, et en ouvrant ainsi un chemin maritime aux Indes Orientales. C'est l'abandon des routes suivies par les vaisseaux européens pour cette dernière contrée, ainsi que pour l'Océanie et l'Asie orientale, depuis Vasco Mégallon, au moyen de canaux de jonction creusés à travers la Basse-Egypte et l'isthme qui lie les deux portions du continent américain. C'était déjà un commencement d'amélioration; on prévoyait la puissance de la vapeur!

LOCOMOTIVES.

En 1770, il avait été fait en France des essais pour appliquer la vapeur au mouvement des voitures. Cugnot, ingénieur militaire, avait, à cette époque, exécuté un petit modèle de locomotive, qui eut du succès. La France peut réclamer, à bon droit, sa part d'efforts et de succès dans les perfectionnements qui ont suivi les premiers essais de Cugnot.

Le 25 avril 1829, le comité des directeurs du rail-way de Liverpool appela l'attention des mécaniciens anglais sur les machines locomotives, et proposa un prix à ce sujet. Le 6 octobre de la même année, parut la machine *Rocket*, de MM. Stéphenson et Booth, qui remporta le prix.

L'âme de cette machine est la chaudière à tubes; c'est à la forme de cet appareil qu'est due toute la surprenante puissance des locomotives. Eh bien! cette chaudière à tubes est française, et c'est à M. Séguin qu'elle appartient (1828).

M. Pambour a recueilli tous les faits. On sait qu'une locomotive se compose essentiellement d'un foyer, d'une chaudière où se forme la vapeur; de deux cylindres dans lesquels cette vapeur rencontre des pistons qu'elle pousse alternativement de l'avant à l'arrière, et de l'arrière à l'avant. Ce mouvement se communique à l'aide de tiges bielles, etc., à un essieu coudé, invariablement fixé aux roues de la voiture, qui, en tournant elles-mêmes sur le rail, déterminent la progression de la locomotive et de tout le convoi qu'elle remorque.

On avait cru longtemps que cette seule adhérence des roues sur le rail ne pouvait offrir une résistance suffisante pour empêcher les roues de glisser, et par conséquent de tourner sur place, sans pouvoir avancer, lorsqu'elles remorqueraient une forte charge. C'est sous l'empire de cette fausse idée que Blenkinsop, Champmann, compliquèrent leurs machines de roues dentées qu'ils firent engrener avec des rails taillés eux-mêmes en crémaillère, de chaînes et de tringles articulées, représentant des jambes et des pieds qui s'appuyaient sur le sol, et poussaient la machine.

Blackett eut l'idée de faire des expériences directes pour constater le pouvoir de cette adhérence; il reconnut que cet inconvénient n'existait pas. Il serait peut-être possible que, sous une charge excessivement considérable, l'adhérence ne fût pas suffisante pour empêcher les roues de tourner sur elles-mêmes; mais cela supposerait en même temps que la puissance de la machine à vapeur serait elle-même excessive, et l'on se trouverait dans des conditions tout-à-fait en dehors de la pratique. L'expérience, du reste, montre que la force d'adhérence est égale à $\frac{1}{6}$ environ du poids adhérent; c'est-à-dire que, si la machine locomotive, par exemple, pèse 6 000 kilogrammes, la force d'adhérence sera d'environ 1 000 kilogrammes, ce qui suffira pour lui permettre de remorquer

250 000 kilogrammes environ, c'est-à-dire le poids du Louqsor. En hiver, lorsque les rails sont gras et boueux, par l'effet d'un temps humide, l'adhérence diminue, il est vrai, considérablement; mais à moins de circonstances tout-à-fait extraordinaires, les machines restent toujours en état de tirer une charge égale à 14 fois leur poids adhérent; en d'autres termes, la force d'adhérence est toujours au moins $\frac{1}{20}$ de ce poids.

Déterminer la relation qui existe entre la vitesse que peut présenter une locomotive, les charges qu'elle traîne après elle, la quantité de vapeur que la machine peut fournir en un temps donné, le diamètre de ses pistons; ou, réciproquement, assigner la charge maximum qu'elle pourra conduire avec une vitesse fixée d'avance, tel est le problème général de la théorie des locomotives. Or, la solution complète de ce problème est comprise tout entière dans la formule suivante de l'auteur :

$$V = \frac{m\,S\,P\,D}{(F + a\,M + n\,M)\,D + p\,d^2\,l}$$

n est la résistance unitaire des wagons, c'est-à-dire le nombre de kilogrammes, qui, suspendu à une corde passant sur une poulie, suffirait pour faire avancer sur le chemin de fer un poids de 1 tonneau, ou 1 000 kilogrammes, avec la vitesse V. Il est évident que cette résistance est variable: elle dépend en effet de l'état des rails-ways, et de la construction plus ou moins perfectionnée des wagons. La valeur de cette résistance, expérimentalement déterminée par l'auteur, ne s'applique donc, en toute rigueur, qu'au chemin de fer de Liverpool à Manchester, et aux wagons qui y cheminent. Cette résistance, déterminée à l'aide du dynamomètre et par la mesure de l'angle du frottement, a été trouvée égale à 3 kilogrammes 64 par tonneau.

F est la résistance passive de la locomotive sans charge, c'est-à-dire le nombre de kilogrammes, qui, suspendu à une corde passant sur une poulie, mettrait la voiture seule en mouvement sur le rail. Ce poids varie d'une machine à l'autre. Toutefois l'auteur conclut que les machines locomotives à roues non couplées, n'ont qu'une résistance passive moyenne de 52 kilogrammes ; il a trouvé, pour une machine à roues couplées d'un poids considérable, 68 kilogrammes. Il admet que pour les machines bien faites, on peut calculer sur ces résultats moyens, sans craindre d'évaluer trop bas la résistance passive.

a est le frottement additionnel des machines, en raison de la charge qu'elles tirent. La nécessité de l'introduction de ce terme doit paraître évidente, car F donne la seule résistance que la machine oppose au mouvement, lorsqu'elle marche seule; mais lorsque cette machine tirera après elle un fardeau, il y aura surcroît de pression sur toutes les parties du mécanisme, et dès lors accroissement de frottement sur toutes les parties mobiles. L'auteur a trouvé ce frottement additionnel égal à 0 kilog. 47, ou, en nombre rond, un demi-kilogramme par tonneau.

S est la force effective d'évaporation par heure, ou de volume d'eau que l'appareil peut transformer en vapeur sous une pression déterminée, et qui est réellement utilisée. L'auteur s'est assuré qu'entre les limites de pression sous lesquelles travaillent les locomotives, limites comprises entre 3 kilogrammes 6, et 4 kilogrammes 3, par centimètre carré, l'influence de la variation de tension sur la quantité d'eau vaporisée était assez faible pour être négligée; il n'en est pas de même de la vitesse avec laquelle la machine avance sur le chemin; car plus cette vitesse est grande, plus la force de vaporisation est considérable. Cet effet est une conséquence de la disposition de la machine. On sait en effet que la vapeur, après avoir produit son effet dans les cylindres, est projetée dans la cheminée par un orifice rétréci, que l'on peut assimiler à une véritable buse; à chaque jet de vapeur, celle-ci chassant devant elle la colonne d'air qui remplissait le conduit de la cheminée, laisse derrière elle un vide. Ce vide est nécessairement comblé aussitôt par une masse d'air extérieur qui se précipite au travers du foyer, pour aller remplir l'espace où le vide a été fait. Aussi, à chaque aspiration ainsi produite, voit-on le combustible que contient le foyer, devenir blanc d'incandescence. C'est un effet analogue à celui d'un soufflet qui animerait constamment le feu, en agissant par *inspiration*, au lieu d'agir comme les soufflets ordinaires, par *expiration*. Le courant artificiel créé dans le foyer par ce moyen, est d'une telle efficacité que, si cette pièce de buse était rompue, la machine deviendrait à peu près inutile. Or, plus la locomotive aura de vitesse, plus les cylindres se videront souvent dans un temps donné, plus il y aura d'aspirations dans ce même temps, plus le feu aura d'activité, et plus enfin la quantité d'eau vaporisée sera grande. Il convenait donc de rapporter la force de vaporisation à une vitesse moyenne. L'auteur a choisi celle de 35 000 mètres par heure, un peu moins de 9 lieues de poste; et il résulte de ses observations, qu'à cette vitesse moyenne, il se vaporise 1 580 mètres d'eau moyennement par heure; toutefois, ce n'est pas là la valeur de S. Il faut remarquer que bien que la totalité de cette eau soit transformée en vapeur, il n'y en a réellement qu'une partie qui soit appliquée au jeu du mécanisme. Il suffit, pour se convaincre de ce fait, d'examiner les soupapes de ces machines pendant le travail; on les voit constamment émettre une quantité considérable de vapeur qui, au lieu de se rendre dans les cylindres, s'échappe immédiatement dans l'atmosphère. Cette perte est un défaut qu'il ne serait peut-être pas impossible de corriger. Dans l'état actuel des choses, il faut se borner à en tenir compte, ce qui est très-faisable, car cette perte est non seulement observable, mais encore susceptible d'une certaine évaluation. M. de Pambour l'a fixée moyennement au quart de la force de vaporisation. Il en résulte que cette force effective de vaporisation se trouve ainsi égale à *m* 1 185; c'est là la valeur de S.

Faisons connaître les autres valeurs de la formule : *p* représente la pression de l'atmosphère sur 1 mètre carré de surface; *p* égale donc 10 330 kilogrammes; D est le diamètre des roues; *d* celui des pistons; *l* la longueur réelle de leur course; *M* est le nombre des tonneaux de la charge; *V* la vitesse de la machine par heure; *P* est la pression totale de la vapeur dans la chaudière; *m* est le nombre qui exprime le volume acquis par 1 d'eau, lorsque cette eau a passé à l'état de vapeur, et que cette vapeur est produite à la pression *P*; il y a des tables calculées pour ces valeurs de *m*. Quant à la pression *P*, c'est la pression en kilogrammes par mètre carré de surface, due à la pression effective de la vapeur, plus la pression atmosphérique.

Il sera donc possible, avec cette formule et à l'aide de simples mesures prises sur une machine réelle, de déterminer aussitôt l'effet qu'on doit en attendre. On trouverait, par exemple, qu'une locomotive dont les pistons auraient 0,279 de diamètre, une courbe réelle de 0,406, et dont la machine travaillerait à la tension totale de 4,36 atmosphères (ce qui suppose $m = 441$) prendrait une vitesse de plus de 64 000 mètres ou 16 lieues de poste à l'heure, en remorquant une charge de 25 000 kilogrammes, et aussi que, tout restant égal d'ailleurs, si l'on consentait à réduire cette vitesse à moitié environ, ou à 8 lieues et demie, la machine conduirait alors une charge quadruple ou 100 000 kilogrammes.

Quels sont les véritables inventeurs de la locomotive? Les Anglais vont élever une statue à Georges Stéphenson, comme inventeur de la locomotive; cette qualification n'est rien moins qu'exacte, ainsi qu'on peut en juger par les détails qui suivent, et dans lesquels on trouvera, par ordre chronologique, la mention des principaux essais tentés pour l'application de la vapeur à la locomotion, sur les routes ferrées et sur les routes ordinaires. La part des savans français dans cette découverte est assez forte et assez belle, pour que nous la revendiquions en leur nom.

En 1759, le docteur Robinson, étudiant à Glasgow, conçoit l'idée d'une voiture à vapeur, et en fait l'objet de recherches théoriques.

En 1770, un ingénieur français, Cugnot, construisit une locomotive avec laquelle il fit plusieurs expériences.

En 1784, le célèbre Watt indique les moyens d'appliquer la force expansive de la vapeur à la locomotion, mais il ne les applique pas.

En 1802, A. Tréwithick et Vivian prennent un brevet pour la locomotion à vapeur, et construisent une machine qui remorque un convoi sur le chemin de Merthyr-Thydwill.

Cette machine et celles du même genre construites en 1811 par Plinkenson, en 1812 par W. et L. Champmann, en 1813 par Brunton, reposaient sur un mauvais principe; on croyait que le poids seul de la machine ne suffirait pas pour déterminer l'adhérence sur les rails, et l'on employait des crémaillères, des engrenages, des bras articulés, qui retenaient la voiture plus encore qu'ils ne la faisaient avancer.

Blackett mit fin à tous ces tâtonnements, en 1812, par des expériences qui démontrèrent l'inutilité de toutes ces complications, pour produire l'adhérence nécessaire à la locomotion.

La première machine construite d'après ces observations, ce fut en 1814, par Georges Stéphenson; mais pour être moins imparfaite que les précédentes, elle était bien loin encore de résoudre le problème, dont les principales inconnues, une grande surface de chauffe concentrée dans un petit espace, et un fort tirage avec des cheminées très-basses, n'étaient pas encore dégagées.

A la France appartient la solution de ces deux difficultés importantes; à Séguin aîné, l'inventeur de la chaudière tubulaire; au docteur Pelletan, qui indiqua le premier le moyen d'activer le tirage, d'abaisser la cheminée en dirigeant dans celle-ci un courant de vapeur, revient l'honneur d'avoir fait la locomotive ce qu'elle est aujourd'hui, une machine puissante et docile, passant sous les tunnels et franchissant une distance de 80 à 120 kilomètres en une heure.

A côté de ces hommes d'élite qui honorent notre pays, il convient toutefois de placer Robert Stéphenson qui trouva le procédé de tirage presque en même temps que notre compatriote Pelletan, et qui appliqua le premier cette découverte à celle de Séguin aîné, dans la machine qu'il construisit pour le concours ouvert par la compagnie de Liverpool à Manchester, et qui remporta le prix offert à la meilleure locomotive.

On sait que Watt dota les machines à vapeur des perfectionnements les plus importants. On lui doit le condensateur isolé qui apporta une économie énorme dans le combustible, les avantages de la détente de la vapeur, une meilleure application du régulateur à force centrifuge, le parallélogramme articulé et les machines à double effet avec un seul corps de pompe. Watt n'aurait pas de rival dans la vapeur, sans le fameux Papin, médecin français, qui inventa la pompe à feu, la soupape de sûreté, les machines à double effet avec deux corps de pompe, les bateaux à vapeur. Nous ne voulons pas, par un vain esprit de nationalité, élever notre compatriote aux dépens du célèbre anglais, car la patrie du savant, c'est le monde; mais l'histoire est là, qui montre les découvertes inaliénables de Papin, publiées en 1710, c'est-à-dire avant la naissance de Watt.

Le jeu des machines à vapeur est fondé sur deux principes: le développement de la force élastique de la vapeur aqueuse par la chaleur, et sa précipitation subite par le refroidissement.

L'exécution des machines à vapeur a eu, comme celle des autres machines, ses différentes époques, auxquelles répondent successivement de nouveaux degrés de perfection.

Tous les mouvements de la machine à vapeur tirent leur origine du jeu d'un piston qui s'élève et s'abaisse alternativement dans un tuyau cylindrique, en communication avec une chaudière où la vapeur se forme par l'action du feu que l'on entretient au-dessous. La manière dont la vapeur contribue au jeu du piston varie suivant les différentes méthodes.

Il paraît que, dans l'origine, on avait seulement pensé à employer le ressort de la vapeur comme moteur. Mais l'idée plus ingénieuse de condenser la vapeur par le refroidissement, pour opérer le vide, ne remonte qu'à 1696. Elle est attribuée à un anglais nommé Savery. Il paraît néanmoins que deux autres anglais en sont les véritables inventeurs : Newcomen et Cowley. Savery, en s'associant Newcomen, s'empara de sa découverte. Watt et Bolton, de Birmingham, ont fait de nombreuses améliorations à la machine de Newcomen; les plus remarquables sont, d'avoir employé l'élasticité de la vapeur comme puissance active, et de l'avoir condensée hors du cylindre. Il est une infinité d'autres améliorations qui ont été introduites dans les machines à vapeur.

Tous les systèmes connus et expérimentés jusqu'à ce jour, tendant à arrêter, en cas d'accident, les convois lancés à toute vitesse, n'avaient pas encore produit les résultats qu'on était en droit d'attendre de la science.

Il était réservé à un français non seulement de compléter les découvertes antécédemment faites, de modifier les systèmes actuellement appliqués, mais encore de créer un système tout nouveau qui promet de diminuer sensiblement le nombre des catastrophes qui, jadis, jetaient l'alarme.

Cette invention se compose de trois moyens:

Le premier est un système de décrochement qui a pour objet de séparer la locomotive du reste du convoi. Le mouvement de décrochement s'opère par le jeu d'un levier agissant au moyen de deux ressorts; l'un, fixé sur le levier lui-même, le maintient dans sa position normale; l'autre fait agir le levier, lorsque le conducteur a opéré une légère pression sur le premier ressort, laquelle rend au levier toute sa liberté d'action. Par ce moyen, les deux chaînes et le crochet du tender se décrochent instantanément, quelles que soient la vitesse et la force du convoi.

Le deuxième est un nouveau commandeur de frein. Un seul demi-tour, que l'on fait faire au volant, opère un mouvement sur les pignons qui font agir l'arbre commandeur où est adapté l'excentrique, et provoque une révolution qui serre instantanément les freins. On ne change rien au système du frein, seulement on ajoute l'arbre commandeur.

Le troisième est un système de frein en forme de tenailles. Il est placé sur le dernier wagon du convoi, et exerce son effet sur les rails. Par un seul tour que l'on fait faire au volant placé sous la main du conducteur, les tenailles opèrent sur les rails une pression aussi forte et aussi subite qu'on peut le désirer, et arrête le convoi instantanément et à toute vitesse. Ce système, adopté sur tous les chemins de fer, est de M. Legoutaret.

Les voitures que l'on construit pour nos chemins de fer sont d'un fini achevé. Ces berlines sont de la forme la plus élégante malgré leur volume; 40 voyageurs et plus s'y tiennent largement à l'aise; elles sont d'une douceur incroyable; pas la plus légère secousse, tellement que lors même qu'on marche à une vitesse de 12 à 15 lieues à l'heure, c'est tout au plus si l'on croit que l'on va vite. Mais ce qui est digne d'attention dans la confection de ces voitures, ce sont les ferrures de choc pour arrêter, qui s'appuient sur un ressort horizontal placé sous la voiture, vers la moitié de la longueur. Le même ressort sert à la fois à la tige de traction pour éviter les secousses de départ, de sorte que tour à tour les extrémités du ressort deviennent points mobiles et points fixes, et tour à tour le milieu du ressort devient aussi point mobile et point fixe, quand on arrête. Les extrémités du ressort, repoussées par les tiges de tampons, fléchissent et s'appuient sur le milieu du ressort, qui devient point fixe. Au contraire, au départ, la tige de traction attachée au milieu du ressort l'attire en avant, et la résistance se fait aux extrémités qui sont alors points fixes.

Avec un matériel d'administration qui se composerait de 105 voitures, je suppose, et qui pourraient contenir 4 070 voyageurs, par un beau jour, tout Paris se verrait transporté à Versailles ou ailleurs.

Le commerce est l'idole du jour: c'est vers lui que se

tournent tous les efforts de l'homme; les rivières se couvrent de ponts en fils de fer, les montagnes se resserrent par ces liens indestructibles qui, par leurs grands bras, les unissent.

Dans la jeune Amérique, depuis bien des siècles, l'indigène jette, pour traverser un torrent, un pont suspendu par des lianes; sa pensée, si simple et si facile, est maintenant reproduite en Europe avec plus de développement, plus de coquetterie, plus de solidité, et surtout plus d'économie, par rapport à nos antiques constructions de ponts.

HAUTS-FOURNEAUX.

On ne saurait donner trop d'attention à tous les travaux qui ont pour objet la production du fer, cet humble et puissant métal, principal nerf de l'industrie, première richesse de l'indépendance.

Nous avons des chemins de fer. De quelle puissance doit infailliblement être cet admirable système de cordons métalliques, courant en tous sens sur le globe comme un vaste et sympathique réseau d'artères vivifiantes; ces lignes merveilleuses qui traversent d'un trait tout un empire, qui percent les montagnes, effacent les distances, confondent en quelque sorte les cieux, les climats, les races, les langues, anéantissent l'espace; qui donnent soudain des ailes à des armées, à tout un peuple; qui transportent comme par enchantement le luxe et les arts, des cités dans les déserts, la civilisation dans la barbarie; qui font qu'en quelques heures le pôle et l'équateur se précipitent l'un sur l'autre, s'entre-déchirent ou s'embrassent. Cette invention, si pleine d'avenir, appelée à reconstituer peut-être les destinées des peuples, est en harmonie avec le génie civilisateur de la France.

L'industrie du fer qui, pendant si longtemps, resta comme paralysée, prend de nos jours une vigueur et une extension considérables.

Cette industrie, qui a plus que beaucoup d'autres un caractère social, car on peut jusqu'à un certain point mesurer la civilisation d'un peuple à la quantité de fer qu'il consomme et au degré de perfection qu'il a acquis dans l'art de préparer ce métal, s'est prodigieusement modifiée depuis 40 ans. Pendant bien des siècles, le genre humain a ignoré l'art d'obtenir du fer pur et de le souder. Plus tard, lorsque le fer fut devenu d'un usage commun et qu'il eut remplacé le bronze, dont pendant longtemps les peuples anciens s'étaient servis pour les armes, pour les outils, c'était à peine si un ouvrier en fabriquait quelques livres par jour. Au moyen-âge, la science des métaux se perfectionna, et l'on inventa les hauts-fourneaux. A la fin du siècle dernier, les Anglais substituant, après l'avoir carbonisée, la houille qu'ils possédaient à profusion, au charbon de bois qui leur manquait, et appliquant à l'industrie des fers les découvertes mécaniques, élevèrent des fabriques gigantesques.

Les hauts-fourneaux sont de grandes tours qui restent embrasées toute la vie, et qui versent à grands flots le fer par masses de 15 000 kilogrammes par jour.

Les ateliers d'affinage étaient jadis composés de petits foyers flamboyants, entrecoupés d'équipages de marteaux, parmi lesquels s'agitaient en désordre des troupes de cyclopes haletants. Entre les mains des Anglais, ils se sont transformés en vastes hangars bien aérés, où la flamme est emprisonnée dans des tours régulièrement disposées, et où s'étendent, entre les alignements des fours, de longues files de cylindres qui débitent le fer rouge en barres, d'échantillons de toutes grosseurs.

M. Aubertot voulut, il y a longtemps déjà, utiliser directement la chaleur de combustion des gaz qui s'échappent de l'orifice supérieur des hauts-fourneaux. Les laborieuses et habiles recherches de M. Ebelmen, ingénieur, exécutées aux hauts-fourneaux de Clairval et d'Audricourt (Doubs), viennent de jeter de nouvelles lumières sur les phénomènes assez obscurs encore des décompositions, combinaisons et transformations successives que subissent le minerai et les divers éléments en jeu dans ces vastes fournaises. Elles conduisent nos regards jusque dans les entrailles, jusque dans les parties les plus intimes de ces immenses laboratoires, où s'engloutissent des carrières, où s'en vont en fumée des forêts; de ces gigantesques appareils nuit et jour en feu, toujours dévorant, toujours vomissant du fer; nouveaux volcans de création humaine, qui continuent le grand œuvre de l'élaboration de la matière du globe, et associent ainsi d'une manière éclatante la puissance de l'homme à la puissance de Dieu.

Les recherches de M. Ebelmen mettent hors de doute ces résultats remarquables, savoir, que la température élevée de la moitié inférieure des haut-fourneaux, n'est telle qu'à la condition d'un grand abaissement de température, résultant de la transformation en oxide de carbone, de l'acide carbonique, premier produit de la combustion; que c'est le gaz oxide de carbone, et non le charbon, qui est l'agent réducteur essentiel du minerai; qu'il en réduit les quatre cinquièmes; que dans les parties élevées du haut-fourneau, ce gaz, qui est très-combustible, remplace le gaz acide carbonique, incombustible par suite des réactions opérées; que joint aux autres gaz combustibles, il renferme les deux tiers de la chaleur totale fournie par le charbon ou le bois, dont l'effet utile ne compte ainsi, que pour un tiers, toutes les notions du plus grand intérêt dans l'industrie si précieuse du fer.

Avant M. Ebelmen, on avait déjà réussi à produire, avec des gaz combustibles préparés artificiellement, une température assez élevée pour en tirer parti dans l'affinage de la fonte au four à réverbère.

M. Ebelmen a généralisé ce procédé de chauffage, et de concert avec M. Jeanmaire, il est parvenu à porter au blanc un four réverbère, à y fondre et à y *puddler* de la fonte à l'aide de la flamme provenant de la combustion des gaz oxide de carbone et d'hydrogène, résultant de la décomposition de l'eau par le charbon rouge.

Toutes les exploitations métallurgiques s'empareront de cette découverte; mais l'emploi de ces gaz combustibles n'est pas sans dangers: il expose la santé des ouvriers sous le double rapport de l'asphyxie et des explosions auxquelles ils peuvent donner lieu. On a pu observer, dans les usines où ce mode de chauffage est en activité, un assez grand nombre d'accidents résultant de l'inspiration de ces gaz.

L'oxide de carbone, découvert par Priestley, est un gaz incolore, inodore, d'une densité de 0, 9670. Par l'approche d'une bougie allumée, il brûle à l'air avec une flamme bleue, et se transforme en acide carbonique, en absorbant la moitié de son volume d'oxygène. Il se produit dans une foule de circonstances; on peut dire, d'une manière générale, qu'il prend naissance toutes les fois que du charbon brûle sans recevoir la proportion d'oxygène nécessaire à sa transformation en acide carbonique.

L'oxygène de carbone exerce sur l'économie animale une action très-énergique, et qui a été reconnue depuis longtemps par les observateurs. 15 à 20 p. % d'oxide de carbone dans l'air inspiré suffisaient pour produire l'asphyxie; les symptômes se dissipaient par la simple exposition à l'air libre, et par du repos.

Des accidents de même nature signalèrent l'ascension aérostatique que fit M. Dupuis Delcourt, en 1841, et dans laquelle, par suite de circonstances particulières, l'aéronaute se trouva pendant assez longtemps placé dans la direction d'un jet de gaz qui, préparé par la décomposition de l'eau par le charbon, à une température élevée, n'était qu'un mélange d'hydrogène presque pur, et d'oxide de carbone.

Je n'hésite pas à croire que l'oxide de carbone joue le principal rôle dans un grand nombre de cas d'asphyxie par le charbon, et, notamment, dans ceux où la combustion se produit dans un local étroit et peu aéré.

Je me suis assuré que l'oxide de carbone mêlé à l'air, dans la proportion de 4 à 5 p. %, suffit pour faire périr un moineau. L'acide carbonique, au contraire, peut être ajouté à l'air en proportion très-considérable, sans amener la mort; c'est, en effet, ce qui résulte d'expériences nombreuses.

M. Thilorier, comme on sait, ne parvient à solidifier l'acide carbonique qu'en en gazifiant une proportion considérable, qui se répand dans l'air ambiant sans incommoder ceux qui le respirent. Comment se fait-il alors que l'air vicié par la combustion du charbon, qui n'y introduit cependant que quelques centièmes d'acide carbonique et 5 à 6 millièmes d'oxide de carbone, soit si promptement mortel? Ces deux gaz qui, pris isolément, ne produisent, à cette dose, que des accidents passagers, acquerraient-ils, par leur réunion, des propriétés plus énergiques? — Je le crois.

TÉLÉGRAPHIE ÉLECTRIQUE.

Vous dirai-je comment, dans un morceau d'ambre qui attire une paille légère, Franklin a su trouver le secret de maîtriser la foudre? La propriété de l'ambre avait excité l'étonnement des plus anciens philosophes de la Grèce, et cependant, depuis Thalès jusqu'au milieu du siècle dernier, dans un intervalle de plus de 2000 ans, on n'avait jamais pensé à appliquer cette propriété, ni même à en développer les conséquences. Qui donc aurait pu prévoir que cette vertu attractive, si insignifiante en apparence, si bornée dans ses résultats, si longtemps inutile, serait le germe de l'admirable science de l'électricité; que, par une suite de déductions logiques, on arriverait, dans l'espace de moins de deux siècles, à en conclure des procédés certains pour se garantir de la foudre; qu'on y rattacherait une multitude de phénomènes variés, et le principe de la pile de Volta, « qui est, quant à la singularité des effets, dit M. Arago, le plus merveilleux instrument que les hommes aient jamais inventé, sans en excepter le télescope et la vapeur? » Et voilà qu'aujourd'hui l'autorité imposante de ce savant rend très-probables les succès que l'on obtiendrait en se servant d'aérostats captifs munis de pointes métalliques, et fixés au sol par une corde conductrice, pour préserver des contrées entières du fléau de la grêle. Qui ne s'étonnerait des prodigieuses conséquences tirées de la vertu attractive de l'ambre jaune, en voyant qu'elles étendent l'empire de l'homme jusque sur les éléments, qu'elles lui permettent de composer et de décomposer les corps, d'anéantir la foudre et de dissiper les orages!

L'électricité (du grec ἤλεκτρον, *succin*) est une propriété des corps due à une cause quelconque, à laquelle on a donné le nom de *fluide électrique*. En vertu de cette propriété, les corps placés dans certains états, dans certaines circonstances, attirent ou repoussent des substances légères qu'on leur présente, lancent des étincelles et des aigrettes lumineuses, enflamment les matières combustibles, excitent de fortes commotions, et produisent des décompositions.

On suppose le fluide galvanique composé de deux fluides différents, l'un *positif*, l'autre *négatif*. Ils sont insensibles lorsqu'ils sont combinés; mais si l'un ou l'autre se trouve dans un corps ou à sa surface, celui-ci repousse tous les corps électrisés de la même manière, et attire ceux qui sont inversement électrisés.

L'électricité est au monde matériel ce que l'âme est au monde moral. C'est un principe plus subtil que tous les autres, aussi rapide que la pensée; il se transporte comme elle, et parcourt les espaces sans dépendre du temps. Il anime les corps inertes; il déplace leurs molécules, les disjoint, et les porte à de grandes distances sans laisser de traces de leur passage. Son action déchire les rochers; elle travaille silencieuse pendant des siècles à l'agrégation d'un minéral. C'est le principe vital des corps bruts, et peut-être aussi des corps organisés, auxquels ce fluide donne le mouvement et la sensation. N'est-ce pas en effet l'agent qui compose et décompose, et l'intermédiaire par lequel vont à l'âme les ébranlements des sens?

Une des plus puissantes causes du dégagement de l'électricité, c'est l'évaporation de l'eau à la surface de la terre.

Notre globe et l'atmosphère peuvent être considérés comme les éléments d'une immense pile, dont le fluide traverse, en se recomposant, tous les corps en contact avec le sol. C'est, en effet, par le pic des montagnes, ces grands paratonnerres; c'est par nos édifices, nos arbres et nos propres corps, que le fluide négatif de la terre, avec laquelle nous sommes en communication, va rejoindre le fluide positif de l'air qui nous entoure. Et combien cette pile ne produit-elle pas de combinaisons nouvelles; que de mystères encore impénétrables n'accomplit-elle pas dans nos organes, dans nos vaisseaux, sur le trajet de nos nerfs, si sensibles à son influence! Combien de sensations dont nous ne pouvons nous rendre compte, et qui n'ont peut-être pas d'autre origine qu'un changement dans le courant auquel nous servons de conducteurs! Qui peut dire ce que produisent un ralentissement ou un surcroît de vitesse dans le courant, un changement dans sa direction, et les oscillations que nous subissons dans un temps d'orage, quand les nuages alternativement chargés de fluides contraires roulent sur nos têtes, et pénètrent nos corps d'électricité positive et négative qu'ils attirent et repoussent l'une après l'autre ?

L'électricité positive ou vitrée, est celle qui se développe par le frottement du verre, et l'autre, négative ou résineuse, naît par le frottement de la résine. Le *fluide neutre* est le résultat de la combinaison de ces deux espèces d'électricité (1). On est parvenu, par l'électromètre, à mesurer la force de l'électricité.

PILE DE VOLTA (2).

Cette pile est composée de plaques de cuivre et de zinc, placées verticalement ou horizontalement, deux à deux, l'une accolée à l'autre, et toujours dans le même sens, de manière qu'entre chaque couple, il se trouve un conducteur humide ou liquide. L'appareil ainsi construit est terminé d'un côté par une plaque de cuivre, et là est le *pôle négatif;* de l'autre, par une plaque de zinc, et là est le *pôle positif.* Si l'on cherche la tension du fluide, comme dans les décompositions, le nombre des couples à petites dimensions est préférable; mais si l'on veut la quantité, comme dans l'ignition des métaux, les plaques à large surface doivent être préférées. Pour mettre l'appareil en action, on attache un fil métallique d'or ou de platine particulièrement à chaque pôle. On les met en contact avec le corps isolé sur lequel on veut faire agir le fluide galvanique, de manière que les extrémités de ces conducteurs métalliques soient peu éloi-

(1) Les résines surtout et le verre acquièrent par le frottement une forte influence électrique. C'est sur cette propriété, combinée avec celle qu'ont ces deux substances d'être mauvais conducteurs, tandis que les métaux la propagent facilement, qu'est fondée la construction de la machine électrique.

(2) Ce fut Galvani, professeur de médecine à Bologne, qui découvrit l'action de cette électricité. Le hasard seul présida à cette grande découverte (il disséquait une grenouille); Volta en démontra l'origine et la nature, et enseigna à la renforcer indéfiniment.

gnées l'une de l'autre, si le corps est solide; mais s'il est liquide ou dissous dans l'eau, ce rapprochement n'est point nécessaire. L'effet le plus simple produit par le fluide galvanique est la combustion du charbon, l'ignition et la fusion des métaux. Il est proportionnel au nombre et, particulièrement, à la surface des plaques qui composent la pile. Suivant la force de la batterie, les métaux peuvent brûler avec dégagement de lumière diversement colorée, d'après l'espèce de métal, et être dispersés sous la forme de fumée ou de poudre impalpable.

L'action de la pile est très-remarquable dans la décomposition de plusieurs corps: la décomposition de l'eau est la première que l'on ait observée.

L'oxygène possède particulièrement l'électricité négative, ainsi que les composés dans lesquels il entre en conservant une partie de ses propriétés; l'hydrogène, au contraire, jouit de l'électricité positive. Aussi, dans la décomposition de l'eau, l'oxygène se rend au conducteur du pôle positif, et l'hydrogène, à celui du pôle négatif.

Dans la décomposition des sels, l'acide gagne le pôle positif; la base oxide métallique, dans lequel l'oxygène est au moins neutralisé, se fixe au pôle négatif; et ce pouvoir attractif est assez fort pour que les acides soient transportés à travers les liqueurs alcalines, et les oxides alcalins à travers les liqueurs acides, vers le pôle où leur activité s'éteint, à moins que, dans l'un ou dans l'autre cas, il ne puisse se former, par le passage de l'acide ou de l'alcali, un sel insoluble. La potasse humectée (il en est de même de la soude soumise à l'action de la pile) est décomposée en métal, en *potassium*, qui est attiré par le pôle négatif, et en *oxygène*, qui est attiré par le pôle positif.

Le premier qui soupçonna l'existence simultanée des deux électricités dans le corps humain, et qui entrevit qu'elles pouvaient y être produites à peu près comme elles le sont dans une pile de Volta, fut peut-être le premier homme de notre époque.

Dans la séance de l'Institut, où le célèbre professeur de Pavie montrait, pour la première fois, les effets de son admirable instrument, le premier consul Bonaparte se tourna vers Corvisart, son médecin, et lui dit avec un mouvement d'enthousiasme : « Docteur, voilà l'image de la vie ; la colonne vertébrale est la pile ; le foie, le pôle négatif ; la vessie, le pôle positif. » C'était évidemment là une erreur, mais c'était une erreur comme les génies seuls peuvent en commettre.

Voici à ce sujet mes réflexions ; je les livre au monde savant ; j'établis : 1° Que le corps de l'homme et celui des animaux est exactement une double pile galvanique ; 2° que le fluide nerveux, cette vieille hypothèse de la physiologie, existe réellement à l'état de fluide électrique produit par ce double appareil vivant dans les animaux, et dont Volta, sans se douter probablement qu'il en portât en lui le modèle, nous a donné à peu près une esquisse ; 3° que le fluide électrique, dont la puissance génératrice a déjà été démontrée par une foule de phénomènes, est dans les animaux, et modifie, par leur organisation, le moyen de création de tous les actes par lesquels ils manifestent leur existence ; 4° que les rapports des êtres organisés entre eux pour la perpétuation des espèces, ne sont autre chose que le rapprochement des piles galvaniques entre lesquelles s'établissent, avec des commotions plus ou moins fortes, proportionnées à leur volume, des courants électriques, générateurs des êtres de toutes natures ; 5° que la cause de l'apoplexie, cette vieille inconnue tant cherchée, n'est, dans presque tous les cas, qu'un coup de foudre analogue au tremblement de terre, et provenant ou de machines chargées outre mesure de fluide électrique, ou du dérangement de quelques-uns des matériaux qui composent ces machines elles-mêmes ; 6° que la terre, avec ses couches successives de métaux de diverses densités, séparées par des intervalles terreux et humides, n'est, de même, qu'une vaste pile galvanique, immense réservoir destiné sans doute à alimenter de ce souffle divin tout ce qui vit à la surface ; 7° que les perturbations remarquées par les géologues dans les diverses couches de la terre, et surtout aux points correspondants à l'apparition d'êtres nouveaux, donnent lieu de penser qu'elle aussi éprouve, à des distances plus ou moins longues, de ces commotions génératrices résultant du rapprochement des deux piles galvaniques ; 8° qu'enfin on ne serait peut-être pas très-fou en pensant que les comètes sont aussi des piles galvaniques ayant pour mission de parcourir l'Univers, et d'y porter par leur approche, à des intervalles fixés par la Providence, la fécondation et des créations nouvelles dans les divers systèmes planétaires dont le ciel se compose.

Vous avez entendu parler des applications que l'industrie a faites de ce fluide merveilleux et de celles qui sont en projet. Etudions la télégraphie électrique; c'est là une preuve frappante de la rapidité avec laquelle les grandes découvertes se développent dans notre siècle.

Ne croit-on pas rêver quand on entend dire qu'avec la rapidité de l'éclair, on pourra transmettre aux extrémités de la terre la pensée humaine, au moyen de quelques simples *électro-moteurs* ou piles ordinaires, et deux fils de fer? Encore ces deux fils métalliques ne sont-ils nécessaires que dans quelques cas très-rares. En général un seul est suffisant, et le sol peut avec avantage suppléer au second. Ainsi, par exemple, pour établir le circuit entre Paris et Rouen, il suffit d'un seul fil; à Paris, le pôle positif de la pile communiquera avec Rouen par le fil métallique, et le pôle négatif plongera dans la Seine; à Rouen, l'*électro-aimant* communiquera d'une part avec Paris et de l'autre avec la Seine; l'eau du fleuve tiendra lieu du second fil, et le courant, après s'être propagé de Paris à Rouen par le fil métallique, reviendra de Rouen à Paris, en se propageant par l'eau de la Seine. Si c'est le pôle positif de la pile qui plonge dans la Seine et le pôle négatif qui touche au fil, le courant ira par la Seine et reviendra par le fil. Ainsi entre Paris et Lyon, qui ne sont pas placés dans le même bassin hydrographique, la communication n'en serait pas moins très-bonne, parce qu'elle aurait lieu par la Seine, la Manche, l'Océan, la Méditerranée et le Rhône; il en est de même entre Paris et Saint-Pétersbourg, où elle se ferait par la Seine, la Baltique et la Néva.

Deux fils métalliques, convenablement isolés et recouverts de glu marine pour éviter l'oxidation, sont tendus sur des poteaux de 5 mètres de haut placés sur toute la longueur du chemin de fer; chacun de ces fils a 120 kilomètres de long, de sorte que l'électricité doit parcourir 240 kilomètres: 120 pour aller, 120 pour revenir. (Télégraphe électrique entre Paris et Rouen.) Un puits est en outre creusé près de chacune des stations de départ afin de pouvoir transmettre le courant, soit par l'intermédiaire des deux fils, soit par l'un des fils et la terre, au moyen d'un cylindre de fer-blanc plongé dans l'un des puits. Ordinairement la quantité d'électricité qui passe par un fil dépend de la longueur et du diamètre de ce fil, par rapport à la pile qui fournit l'électricité; et, comme le courant parcourt 240 kilomètres, il y a une perte sensible dans la force électrique. Mais ce qu'il y a de remarquable, c'est qu'en se servant de la terre au lieu d'un des fils, on perd la moitié moins d'électricité.

Une commission académique a constaté que les poteaux servant à soutenir les fils, ne les isolaient qu'imparfaitement; elle a reconnu que la quantité d'électricité qui passait en employant 24 couples voltaïques de petites dimensions, fonctionnant avec une solution saturée de sulfate de cuivre, et une autre de sel marin, séparées au moyen d'un diaphragme en toile à voiles, était plus que suffisant pour mettre en action les appareils destinés à transmettre les caractères ou les lettres. Une pile d'une nature particulière est donc placée aux deux extrémités de la ligne, c'est-à-dire à Paris et à Rouen.

Ce télégraphe électrique, ainsi que ceux qui sont construits en Angleterre, est fondé sur le principe suivant : Si à une des stations de Paris, par exemple, se trouve la pile, et que l'on attache à ses deux extrémités les deux fils conducteurs tendus sur toute la route, l'électricité circulerait alors dans les fils sans manifester sa présence; mais si à une des stations on enroule le fil autour d'un morceau de fer doux, alors celui-ci s'aimantera sous l'influence du courant et pourra agir par attraction sur un autre morceau de fer. C'est là une des propriétés caractéristiques de l'électricité.

Supposons maintenant que ce second morceau de fer (qui est destiné à être attiré par le premier toutes les fois que celui-ci est aimanté) soit un levier qui fasse mouvoir, à l'aide d'un mouvement d'horlogerie, une aiguille sur un cadran analogue au cadran d'une pendule, et alors on concevra que si on interrompt le courant électrique un certain nombre de fois, le premier morceau de fer sera aimanté et désaimanté le même nombre de fois, et qu'il en résultera des attractions successives sur le petit levier de fer, attractions qui feront tourner l'aiguille du même nombre de crans.

Si l'on conçoit qu'il existe deux appareils semblables aux deux stations, à Paris et à Rouen, et que sur les deux cadrans soient inscrits des lettres, des syllabes, des signes quelconques, de la même manière que les heures sont inscrites sur les cadrans des pendules; alors ces appareils mêmes pouvant interrompre et rétablir le courant électrique toutes les fois qu'une des aiguilles tournera de deux ou trois crans, etc., l'autre roue tournera de la même quantité. Si alors on place une des aiguilles dans une position telle qu'elle soit en regard d'un signe quelconque, alors instantanément l'aiguille de Rouen se mettra dans la même position. Nous disons instantanément, car jusqu'ici on a trouvé que l'électricité avait une vitesse immense, 90 000 lieues par seconde (1). On voit donc qu'à une distance de 100 ou 300 lieues, on pourra correspondre et se parler sans attendre plus longtemps que si la personne qui parlait était auprès de soi.

En général, dans chacun des bureaux auxquels viennent aboutir les deux extrémités du fil électrique, sont disposées deux tables; sur ces deux tables sont placés deux cadrans, l'un posé verticalement, l'autre horizontalement. Le premier de ces cadrans est partagé en 24 divisions, dont chacune correspond à une lettre de l'alphabet, et en un grand nombre de subdivisions marquées par des chiffres. Ce cadran porte au milieu comme une espèce d'aiguille qu'on meut à volonté avec la main. Un léger fil d'acier met en communication cette aiguille indicatrice avec une pile électrique placée sous la table; cette pile électrise ce fil, qui va rallier le gros fil conducteur qui sort de l'appartement, et forme la ligne télégraphique.

Quand on veut transmettre une question, on fait mouvoir l'aiguille indicative autour du cadran, en la faisant arrêter tour à tour sur chacune des lettres qui composent les mots de la demande. Veut-on demander, par exemple : *quelle heure est-il?* on promène l'aiguille sur les lettres *q*, *u*, *e*, *l*, *l*, *e*, etc., jusqu'à complète composition de la phrase. A mesure que chacune de ces lettres est désignée sur ce cadran, le courant électrique la signale aussitôt à l'extrémité du fil conducteur sur son cadran horizontal, où une aiguille répète, sur un même alphabet, les mêmes indications. Aussi à peine a-t-on marqué : *quelle heure est-il?* que le bureau communicateur lit sur son cadran horizontal : *quelle heure est-il?*

(1) Nous sommes modestes : M. Pouillet a dit 800 mille lieues par seconde.

L'employé conducteur répond à l'instant sur son cadran vertical : *il est huit heures*.

Sur le fil conducteur est placé un électromètre au moyen duquel on peut mesurer la force du courant électrique à son départ, et la force qu'il conserve à son arrivée.

On calcule ainsi d'une manière très-exacte la vitesse que l'électricité perd par le rayonnement dans son parcours. On sait, comme nous l'avons déjà dit, que l'électricité parcourt 90 000 lieues en une seconde; en sorte que si on pouvait entourer le globe terrestre d'un fil conducteur, en une seconde le courant électrique en ferait dix fois le tour, la terre ayant 9 000 lieues terrestres de circonférence.

Le service d'un télégraphe électrique est peu coûteux pour ce qui est de son entretien matériel. Il suffit d'avoir soin du fil conducteur, des appareils de communication et des piles électriques. Une pile fonctionne parfaitement avec 2 fr. de sulfate par mois. On voit chaque jour une infinité de petits oiseaux qui, en se posant sur les fils de fer, tombent foudroyés par l'étincelle électrique.

STATION DU TÉLÉGRAPHE ÉLECTRIQUE CENTRAL.

Là, à la station, je suppose, quiconque voudra envoyer un message pressé, sera admis à le faire, moyennant un prix qui variera, suivant les distances, de 30 à 80 centimes par mot.

Dans une grande salle garnie de pupitres, on délivre à l'expédition une feuille à tête imprimée, avec des blancs destinés à recevoir le nom et l'adresse de l'écrivain, ainsi que celui de la personne à qui la communication est adressée, les frais de port, etc. La missive est alors enregistrée, envoyée par une sorte de tour à l'étage supérieur, puis expédiée à sa destination. La réponse, s'il y en a une, est envoyée, aussitôt son retour, à l'expéditeur primitif, à son domicile, moyennant le prix de la course.

Tout cela est simple, facile, rapide: trois ou quatre employés en bas, quatre ou cinq enfants en haut, pour manœuvrer les télégraphes et dicter les dépêches.

Supposez maintenant un bureau semblable au centre de Paris, 150 autres petits bureaux pour la ville et la banlieue, un commissionnaire pour chacun : voilà ce que nous désirons avec M. Dumont.

150 bureaux de correspondance télégraphique seraient répartis dans tous les quartiers de Paris (ou dans d'autres grandes villes, en nombre proprotionnel) et dans la petite banlieue, proportionnellement à la population et à l'activité des relations habituelles. Ces 150 bureaux seront reliés entre eux par un système souterrain de télégraphie électrique, de manière que les dépêches puissent être expédiées en deux minutes au plus entre deux stations quelconques, quel que soit d'ailleurs leur éloignement.

Dans chaque bureau de correspondance télégraphique, stationnerait un nombre suffisant de commissionnaires, pour porter les dépêches à domicile et recevoir les réponses. Grâce à la grande quantité de bureaux et à leur mode de répartition, il ne faudrait pas plus de quatre minutes pour porter la dépêche, d'un bureau quelconque, à domicile; en sorte que, dans l'espace de six minutes au plus, une nouvelle ou un ordre pourrait être transmis de Vaugirard à Romainville, de Charenton à Courbevoie, ou enfin d'un point quelconque de la ville de Paris, aux quartiers les plus reculés.

Le service a dû être organisé de manière que les dépêches des 150 bureaux ne fussent jamais exposées à s'entre-croiser. Voici par quel procédé on y est parvenu : chaque station particulière est réunie à la station centrale par un fil souterrain particulier; les stations particulières sont divisées en un certain nombre de groupes, de telle sorte que les stations d'un même groupe soient à peu près disposées dans le sens des rayons divergents, la station centrale étant prise comme centre. Les fils particuliers qui desservent les stations d'un même groupe, sont disposés souterrainement, isolés à l'aide d'une enveloppe de *gutta-percha*, et renfermés dans la même feuille et un même tuyau en fonte de 0m 15 centimètres de diamètre.

STATION CENTRALE.

Disons d'abord que chaque station particulière est munie, outre son fil particulier, d'un appareil électrique complet, savoir: 1° une pile ou un électro-aimant, capable de produire un courant assez fort pour transmettre les dépêches; 2° un télégraphe; 3° une sonnerie; 4° un manipulateur; 5° enfin, un commutateur et tous les accessoires ordinaires.

La station principale peut ne se composer que d'une seule chambre, où viennent aboutir, d'une manière très-visible, dans un ordre régulier de numérotage, les fils de chaque station particulière. A chacun de ces fils sont joints, dans l'intérieur de la station centrale: 1° une sonnerie; 2° un télégraphe pouvant indiquer seulement les numéros de toutes les stations, à la volonté de l'expéditeur. Les fils des stations particulières, convenablement isolés, viennent se ranger perpendiculairement le long d'une des parois de la station centrale. Chaque fil se termine par une boucle ovale et un crochet. Au-dessous de chaque crochet, on a marqué sur le mur le numéro de la station à laquelle le fil appartient. La sonnerie particulière à chaque fil présente un bouton qui, à l'aide de l'action d'un électro-aimant, sort de 1 centimètre environ de la paroi extérieure de cette sonnerie, toutes les fois qu'elle est mise en jeu. Enfin, en face de la paroi verticale des fils, à la station centrale, se tient un certain nombre d'agents occupés à observer sans cesse les sonneries et les télégraphes à numéros.

Cela posé, je suppose que la station N° 3 veuille communiquer avec la station N° 10. L'expéditeur à la station N° 3 fait marcher la sonnerie N° 3 à la station centrale, et sortir, par conséquent, le bouton indicateur de cette sonnerie; puis il fait apparaître au télégraphe N° 3, le N° 10, numéro de la station avec laquelle il veut être mis en rapport; alors un des surveillants prend le fil N° 3, et l'attache au fil N° 10 à l'aide des boucles et des crochets qu'on vient de mentionner; aussitôt les deux stations sont mises directement en rapport, sans intermédiaires. On voit qu'à l'aide de cette disposition, qui n'exige d'ailleurs qu'un personnel peu nombreux, il ne peut jamais y avoir ni croisement ni confusion dans les dépêches.

Chaque jour cette grande découverte fait de nouveaux progrès : ses appareils se simplifient, ses résultats s'obtiennent à moins de frais et plus rapidement.

D'après le système de M. Bakewell, de Hampstead, une lettre écrite à l'une des extrémités d'une ligne peut être reproduite instantanément dans son entier, quelle que soit sa longueur à l'extrémité opposée. Le message est écrit avec un vernis non conducteur, et placé sur un cylindre couvert d'une feuille d'étain ou de toute autre substance conductrice, que l'on met en contact avec une batterie électrique. On établit, à l'autre bout de la ligne, un cylindre correspondant sur lequel s'enroule une feuille de papier saturé d'acide muriatique et de prussiate de potasse. Le premier cylindre tourne sur lui-même; le second en imite les mouvements, et l'on voit se détacher sur le papier les caractères du message primitif, qui, tracés avec un vernis non conducteur, ont interrompu nécessairement le courant électrique. Si l'on veut que le message reste secret, on emploie d'abord l'acide muriatique seul, et l'écriture ne paraît que lorsqu'on y ajoute le prussiate de potasse.

Dans dix ans, la télégraphie électrique pourra être étendue sur toute la surface de la France, dans plus de 300 de ses villes principales. La télégraphie s'est transformée en une imprimerie à distance, dont la force d'impression est de 100 lettres par minute, ce qui porte la puissance de transmission d'un fil à 25 000 mots par jour. Le *Journal Electrique* n'a plus une influence restreinte; il s'imprime dans tous les chefs-lieux de départements, et plus de 200 villes encore. Ce journal contient toutes les nouvelles politiques et commerciales de l'intérieur du pays et de l'extérieur. La France est dotée d'une presse nouvelle, non plus au service des partis, mais au service de tous, donnant à la France entière l'histoire de la journée, avec la rigidité de l'histoire.

Les journaux s'impriment à la même heure à Paris et dans les départements. Il n'y a donc plus alors de presse parisienne et de presse départementale, mais une presse unique, véritablement française et nationale, la plus véridique possible, la plus instructive pour les populations, la plus désirable enfin comme l'expression la plus vraie des besoins et des vœux du peuple.

De même, pour le *Poste Electrique*, c'est plus de 300 000 dépêches par jour que le public peut utiliser pour toutes les affaires d'intérêt privé.

Remarquez quelle activité la poste électrique a dans toutes les affaires, dans toutes les relations du monde et celles d'amitié, comme dans les relations de parenté et de famille. Que de cruelles angoisses seront dissipées, lorsque parents, amis, pourront, en moins de 5 minutes, s'interroger, se répondre, d'un bout à l'autre de la France! De même encore pour l'administration du pays qui s'est réservé aussi cinq fils métalliques.

La France a obtenu une centralisation plus forte que jamais, mais perfectionnée de telle sorte que ses effets, se faisant sentir à l'heure même sur toute l'étendue du territoire, réalisent une *décentralisation véritable*, avec tous les avantages de l'unité de pouvoir. Que de gages d'ordre, de tranquillité et de sécurité publics!

Pour doter la France de ces merveilles, il suffirait de 15 fils électriques et de 10 millions de francs.

Il est permis de croire qu'en 1860, la plus grande partie des capitales de l'Europe seront reliées entre elles par des chemins de fer et par des lignes électriques. Dès ce moment, toutes les considérations précédentes se généralisent de peuple à peuple pour s'étendre sur l'Europe entière. On aura ainsi l'application aux besoins des sociétés modernes d'une *imprimerie nouvelle, instantanée,* qui annule les distances, et se complète de l'imprimerie ancienne.

Mais déjà l'imprimerie électrique existe, et laisse un vaste champ ouvert au perfectionnement et à l'imagination, avant d'arriver aux limites du possible. On comprend, en effet, une machine qui imprime 100, 200 et même 1 000 lettres par minute. Ce qui frappe le plus lorsqu'on pratique la télégraphie électrique, c'est l'insuffisance de l'homme paralysant cette vitesse inouïe de 90 000 lieues par seconde, et qu'il tient déjà captive, mais qu'il limite pour la rendre utile, car l'œil qui doit distinguer les signaux, et la main qui doit les écrire, s'opposent à une grande vitesse. Un télégraphe imprimant 200 lettres, ou 60 mots par minute, donne 3 600 mots par heure. C'est transmettre par télégraphe *aussi vite que l'on parle.* A cet énoncé, la pensée elle-même s'étonne, et se refuse presque à suivre cette vitesse merveilleuse qui peut la transporter instantanément à tous les points du globe, avec la rapidité de la parole.

Le siècle qui donnera naissance à ce perfectionnement et qui saura le généraliser, différera autant par ses mœurs et par ses habitudes du siècle où nous vivons, que notre civilisation diffère du XVIe siècle. Toutes les hypothèses sont donc permises, et un champ immense est ouvert à toutes les imaginations.

Qu'on me permette de soumettre un projet: il s'agirait de doter le pays d'un journal quotidien qui, rédigé et exécuté à un point central de Paris ou de toute autre grande ville, irait s'imprimer à domicile chez tous les abonnés, au moyen de cordons électriques renfermés dans des tuyaux pareils à ceux du gaz ou des conduits d'eau. L'impression que le télégraphe électrique permet d'obtenir à chacune de ses stations, au moyen d'un système typographique qui range des lettres jusqu'à complète rédaction de la dépêche, irait ainsi distribuer à domicile la prose du journal, et tenir les abonnés au courant des nouvelles, par le mouvement d'un appareil disposé à cet effet. Je crois que l'on ne peut aller plus loin.

Le télégraghe électrique traverse les mers: il suffit de déposer des fils métalliques enduits de *gutta-percha* au fond de l'eau et de les y fixer par des poids, d'espace en espace; on laisse des flotteurs ou des bouées.

Le premier télégraphe électrique sous-marin fut établi entre Douvres et Calais. Ainsi, dès aujourd'hui, le télégraphe électrique peut s'élancer jusqu'à Bombay, Madras, Calcutta et Sminla. Les autorités de Leadenhall-stret et de Cannon-Row (compagnie des Indes Orientales) pourraient ainsi être transformées, malgré la distance, en un gouvernement virtuellement résidant, sans être obligées de bouger de leurs fauteuils.

Sur les chemins de fer, ces communications soudaines du télégraphe électrique procurent de grands avantages et de notables économies. Lorsqu'il s'agissait autrefois d'un convoi extraordinaire, d'un accident survenu durant le trajet, d'un ordre à porter, il fallait chauffer une locomotive et subir des retards; aujourd'hui, le télégraphe électrique pourvoit à tout et se charge de toute la correspondance. Ainsi, par exemple, il y a le télégraphe électrique de poche, qui est un appareil portatif, à l'usage des conducteurs de locomotives, et qui, au moyen d'un rouleau de fil de fer, peut être mis en communication immédiate avec le fil principal, et servir sur les points du parcours à la transmission et à la réception des diverses dépêches qui peuvent intéresser la sécurité des voyageurs.

Vous passez auprès de ces fils métalliques; c'est bien la discrétion en personne, vous ne soupçonneriez pas qu'ils sont couverts de messages. Que de paroles invisibles et muettes vont et viennent sans cesse, perçues aussitôt qu'elles sont émises! Le même courant électrique, dirigé sur une horloge, a le pouvoir de la faire sonner. Ainsi veut-on avertir son interlocuteur, qui se trouve à 20 ou 30 lieues, de se rendre à son poste ou de prêter attention, on tire en quelque sorte le cordon de sonnette; aussitôt un carillon avertit le préposé qui doit recevoir les communications.

Le télégraphe ancien, celui qui se tordait les bras, était effacé par les chemins de fer pour des distances de 100 lieues; il ne pouvait être utile qu'au-delà. Il est curieux que ce soient les chemins de fer qui fournissent eux-mêmes les moyens de réorganiser la télégraphie, et de lui donner une célérité auprès de laquelle la marche des locomotives, lancées à pleine vitesse, n'est plus que de la lenteur; car on ne saurait l'établir que le long d'une ligne close de barrières, sans solution de continuité et inaccessible au public. Seuls les chemins de fer offrent des lignes pareilles.

Les meilleures idées, à leur naissance, sont par fois rejetées sans mûr examen; puis, au bout d'un certain nombre d'années, elles réapparaissent sous forme de nouveautés, d'inventions, et sont souvent importées dans le pays même qui les vit naître; les idées se produisent alors modifiées, analysées par des esprits ingénieux qui se les approprient et les exploitent.

Je crois bien que c'est ce qui est arrivé pour le télégraphe électrique.

En 1828, à Amiens (Somme), j'avais une correspondance

par signes électriques avec M. Lapostolle, chimiste distingué et inventeur des paratonnerres en paille. Comme il possédait un jardin hors des murs de la ville, il me vint à l'idée de charger la machine électrique et d'établir un jet d'un seul fil de fer partant d'une loge située sur une hauteur, et correspondant à un autre point élevé distant de 50 mètres, où l'observateur attendait l'étincelle qui courait sur la ligne de fer. Une étincelle apparaît-elle, c'est un *A;* deux, un *B;* trois, un *C*, et ainsi de suite.

Pour dicter le mot *ami*, une seule étincelle arrive d'abord, c'est donc un *a;* après quelques secondes d'intervalle, les décharges électriques se succèdent assez rapidement, au nombre de 13, pour signifier la lettre *m;* enfin, après un nouvel intervalle, le jet électrique recommence 9 fois pour la lettre *i*. On peut, de cette manière, composer une phrase complétement.

Heureux de cette découverte, j'en fis part à M. le ministre du commerce et des travaux publics, le 8 août 1837. Voici mot pour mot ce qu'il me répondit :

« Paris, le 31 octobre 1837.

« Monsieur,

« J'ai fait mettre sous les yeux des membres du comité consultatif des arts et manufactures, attaché à mon département, la description du télégraphe électrique que vous m'avez adressée en août dernier. Le comité, après avoir pris connaissance de vos moyens et procédés, pense qu'ils ne pourraient être appliqués en grand, et qu'ils n'atteindraient pas le but que vous vous proposez. D'après cet avis, M. Henry, vous jugerez sans doute qu'il n'y a pas lieu de s'occuper plus longtemps du système qui fait l'objet de votre mémoire.

« Recevez, etc.

« *Pour le ministre secrétaire d'Etat*,
Le directeur, VIVIEN. »

Je sais très-bien que mon système, tel qu'il est exposé ci-dessus, n'était que dans l'enfance; mais le ministère français devait-il, en 1837, rejeter cette idée, *idée mère*, en disant qu'on ne pourrait employer ce *système en grand*, et *qu'il n'y avait plus lieu de s'occuper de cette découverte?* N'était-il pas de son devoir de nommer des commissions pour étudier, perfectionner ces puissants et merveilleux moyens de correspondance? Ne devait-il pas, par tous les moyens possibles, encourager ces travaux, sans attendre qu'un Anglais (voir la *Presse* du 7 Juillet 1844), s'emparant de cette idée, vînt en France proposer le télégraphe électrique perfectionné? Le ministère, qui a accepté maintenant ce nouveau télégraphe, ne dira plus sans doute, comme en 1837, qu'il n'y a plus lieu de s'occuper de l'électricité appliquée à la télégraphie!!!

En présence de ces faits, *je réclame hautement, non pas pour moi, mais pour la France, la priorité de la découverte du télégraphe électrique.*

Le fluide électrique sera l'agent universel dans les sociétés futures: au lieu de votre gaz infect, de vos lanternes éteintes par les brouillards, il se lèvera comme un soleil sur vos monuments, quand l'autre soleil sera couché. La nuit sera supprimée dans les villes; du moins on n'aura plus d'étoiles que dans les campagnes, ni de clairs de lune sur les lisières des bois. Si jamais on voyage en ballons, on ne pourra se mouvoir et se diriger contre les courants de l'atmosphère, qu'avec les courants de l'électricité. L'homme est déjà monté au rang des dieux de la Grèce: il porte la foudre dans ses mains!

Avec d'aussi belles découvertes, on ne devrait pas mourir! Je vais vous rassurer: l'homme ne périra plus! Voici ce qui se passe en France:

> L'art de guérir les maux, à Paris se propage;
> Les journaux sont remplis, à leur dernière page,
> De remèdes puissants comme on n'en trouve pas,
> Qui guérissent de tout, et même du trépas;
> Si bien, qu'au premier jour, l'homme qui rendra l'âme
> Baissera son rideau, comme à la fin d'un drame,
> Et ressuscitera le soir dans un festin,
> En buvant un remède inventé le matin....

Metz, l'antique ville des Médiomatriciens, reçoit aujourd'hui une vie nouvelle; c'est par une résurrection commerciale et industrielle que tous ses produits se répandront au loin, et que dans son sein arriveront les richesses des peuples d'outre-mer.

Est-il un point géographique plus admirable? Quel avenir immense! Où va ce chemin de fer? il court au Rhin. Puis ce dernier fleuve ne peut-il pas se précipiter dans le Danube, par une voie navigable ouverte entre les deux plus grands fleuves de l'Europe, réunissant la mer du Nord et la mer Noire, éloignées l'une de l'autre de 400 lieues. Les Argonautes rêvèrent ce voyage 1300 ans avant notre ère : la mythologie prophétisait nos projets, et nous traçait les plans d'exécution.

Maintenant continuons. En suivant le cours du Danube jusqu'au-dessous de Vienne et des principales villes de la Hongrie, on arrive à Belgrade, à l'embouchure de la Save qui prend sa source dans les montagnes de l'Illyrie, et qui, rendue navigable, sera réunie à Trieste et aux autres ports de l'Adriatique, par le canal de Karlowitz.

En suivant le fleuve vers l'Est, on est à la mer Noire, où tombent les plus grands fleuves de la Russie, et qui ouvre au commerce de l'Occident des débouchés avantageux.

Si, sortant de la mer Noire, on revient par le Bosphore et la mer de Marmara dans la Méditerranée, la route est facile jusqu'au Rhône, communiquant, par la Saône, avec le canal de Bourgogne, le canal du Centre, la Loire, la Seine, et par conséquent avec toutes les grandes lignes de navigation de l'intérieur de la France, et les chemins de fer.

Vers l'Ouest, nous trouvons le Hâvre, dont les arrivages remontent la Seine jusqu'à Paris. « C'est, disait Napoléon, ma Grand'rue de France. » La Marne est déjà navigable; puis le chemin de fer qui relie Paris et Strasbourg.

Nous sommes de retour de notre excursion...

Aujourd'hui, lorsque chaque peuple aura apporté au grand œuvre des chemins de fer ses sueurs et ses travaux, lorsque chaque peuple aura dicté à ces lignes européennes son avenir, la guerre sera impossible, le canon un abus : la paix seule règnera, et l'Europe sera industrielle.

Apprenons aux jeunes gens toute la puissance que l'on peut tirer de la vapeur, du vent, d'un filet d'eau, et de la pesanteur.

L'industrie, naguère humble et timide, a su s'emparer de la puissance de la guerre, qu'elle semble vouloir maîtriser à son tour. Ainsi se vérifient les paroles du prophète Isaïe : « *Ils forgeront de leurs épées des socs de charrue, et de leurs lances, des faux.* » C'est le besoin de l'époque.

Créons une Ecole d'Application Industrielle. Que dans notre belle France, à Metz, par exemple, surgisse une Ecole d'Application Industrielle : elle sera la sœur de celle du Génie et d'Artillerie! Tous les jeunes gens qui puiseront à cette source des connaissances pratiques, seront aptes à tous les services publics. La société réclame de l'homme qui doit un jour, sur un chemin de fer, sur un bateau à vapeur, dans la nacelle d'un aérostat même, balancer et peser la vie de milliers d'individus, la société, dis-je, réclame une garantie mathématique, une responsabilité scientifique, responsabilité de chaque jour.

Ainsi, je désire et je demande de tous mes vœux : 1° des cours de **Mécanique** (1) ; 2°, d'**Hydraulique** ; 3°, d'**Hydrostatique** ; 4°, de **Statique** ; 5°, de **Géométrie** ; 6°, de **Géographie** ; 7°, de **Chimie** ; 8°, de **Physique** ; 9°, de **Géologie** ; 10°, d'**Histoire générale** ; 11°, d'**Hydrographie européenne** ; 12° d'**Aérostatique** ; 13°, d'**Astronomie** ; 14°, de **Perfectionnements :** réduire la machine à vapeur à sa plus simple expression, faire disparaître cette forêt de pièces parasites, ces lourds balanciers, tous ces hors-d'œuvre mécaniques qui augmentent le volume et le poids des machines ordinaires; en même temps, supprimer tous ces mouvements articulés qui augmentent le frottement aux dépens de la puissance, et dont l'agencement compliqué est une cause permanente de dérangements.

Les perfectionnements devront avoir rapport à l'une des branches de la construction, indiquées ci-après : 1° à la cons-

(1) C'est M. Bergery, de Metz, qui professa le premier des cours de mécanique industrielle. Avant, les ouvriers ignoraient l'importance des lignes, et donnaient peu d'attention à la précision. Nul dessinateur n'avait alors disséqué une machine. Ils s'écartaient tous des règles sévères de la géométrie descriptive, et ne s'occupaient qu'à parer leur machine, leur dessin, d'ornements inutiles et souvent dangereux.

truction de l'appareil générateur de la vapeur; 2° à la distribution de la vapeur dans les cylindres, et au mécanisme moteur; 3° à la construction du châssis, des roues et autres parties de la machine, et du tender considéré comme véhicule; 4° à la construction des voitures, wagons, et véhicules de toute nature; 5° à la construction de la voie de fer et de ses accessoires. Voilà l'école d'où sortiraient les conducteurs, les mécaniciens, les chauffeurs, etc. Dans le cas de circonstances imprévues, ils pourraient tour à tour se remplacer.

Tant qu'un peuple ne se soutient que par la guerre, son existence est fort courte; il peut briller un moment, mais comme cet éclat s'efface vite!! Sa vie, au contraire, est pour ainsi dire éternelle, quand l'industrie est l'âme de ses opérations.

Nous applaudissions aux succès des grandes armées de l'Empire, quand chaque bulletin nous annonçait une victoire des jolis et nombreux bataillons. Et que nous reste-t-il de tant de grandeur?

C'est pour nous qu'ils traçaient avec des funérailles
Le cercle triomphal de plaines, de batailles :
Chemin victorieux, prodigieux travail,
Qui, de France parti pour enserrer la terre,
En passant par Moscou, Cadix, Rome, le Caire,
Va de Jemmape à Montmirail.

L'industrie règne aujourd'hui sur le monde: l'Angleterre tient le sceptre. C'est grâce à l'industrie, qu'une nation destinée, par la moindre étendue de son territoire, à ne jouer qu'un second rôle parmi les peuples de l'Europe, affecte aujourd'hui sa souveraineté sur le globe; c'est grâce aux ressources puissantes que lui fournit cette même industrie, qu'elle a combattu et terrassé le génie de Napoléon. Elle comprend que, du jour où les autres peuples sauront se passer d'elle, son pouvoir sera anéanti. De là, tous ses efforts pour éteindre l'esprit d'industrie partout où il s'éveille. Mais c'est en vain: les expositions non seulement de la France, mais celles qui ont lieu en Allemagne, et qui s'y multiplieront désormais, attestent des progrès alarmants pour l'Angleterre.

Napoléon voulut en vain le blocus continental. L'industrie, plus forte que Napoléon, parce qu'elle est persévérante et que le temps est à elle, l'industrie viendra à bout de ce grand projet; et, grâce à la paix et à l'industrie, la France reprendra en Europe le rang et l'influence que sa position et son esprit lui ont su conserver pendant tant de siècles.

Les machines, en Angleterre, sont devenues plus puissantes que le gouvernement, que l'aristocratie, que le peuple; elles font les lois, elles font la paix, elles font la guerre, elles établissent des impôts, elles exploitent le monde entier; et jamais Rome, Venise, Carthage, n'ont enfanté d'aristocratie plus impérieuse que l'aristocratie des machines.

A la langue d'un peuple, on reconnaît tout de suite l'esprit qui l'anime. L'Anglais, de tout temps, a toujours eu une tendance bien prononcée, enfin une idée fixe: celle de dominer sur toutes les nations; et, depuis l'établissement des chemins de fer et l'élan donné à la navigation à la vapeur, son ambition s'est encore considérablement accrue. Ainsi, on la voit travaillant activement à arracher à la langue de chaque peuple du globe une certaine quantité de mots, juste les plus essentiels, les plus nécessaires pour s'entendre, et en former un rapport des parties élémentaires dont se compose la langue anglaise moderne.

6 621 mots latins; 2 060 anglo-saxons; 660 grecs; 229 italiens; 117 allemands; 111 gaulois; 83 espagnols; 81 danois; 18 mots d'origine arabe, lesquels sont plus ou moins modifiés, dont on a fait des dérivés et auxquels on a fait subir une multitude de transformations uniformes au génie de la langue anglaise; enfin 4 361 mots français. En outre, quelques-unes des expressions et des tournures de cette langue ont été empruntées aux langues gothique, hébraïque, suédoise, portugaise, flamande, punique, égyptienne, persane, cimbrique teutonique et chinoise.

Les Anglais ont dit au cuivre, au fer, à l'acier: *Vivez à notre place; dispensez-nous d'agir, de penser, de rêver;* et en Angleterre toute l'intelligence de l'homme est passée en roues, en cylindres, en bobines, en laminoirs, en robinets, en balanciers, en bielles, en soupapes, en boulons; en machines à plonger, à monter, à descendre, à tourner, à pomper, à tisser, à graver, à broder, à sculpter; et, en ce moment, les Anglais font des maisons à la mécanique.

La France, la généreuse rivale de l'Angleterre, l'emportera toujours par son dialecte fin et délicat. Oui! fortifions-nous tous dans la connaissance de notre belle et nationale langue française : elle est éminemment claire et limpide, et l'on a dit que si la pompeuse langue espagnole est propre à être parlée à Dieu, la langue française est celle qui convient pour parler à son ami, parce qu'elle révèle sans inversions les vues de l'esprit et les sentiments du cœur.

Des colonnes d'Hercule à Archangel, ce n'est point assez dire : dans toutes les régions de l'Univers, notre langue est parlée et entendue, et si la France n'est plus la dominatrice par les armes, elle l'est encore par sa langue et sa magnifique littérature. Cette langue sert à la rédaction des traités entre les puissances; elle est devenue comme le lien des peuples, et a plus de chances qu'une autre à devenir la langue universelle, si la Providence veut ramener l'unité comme elle était au commencement; car l'homme n'eut d'abord qu'un langage que Dieu lui apprit. Et certes, chercher à ramener au moins l'unité dans notre patrie, recommander la langue qu'ont parlée et écrite Pascal et Bossuet, Fénélon et Lafontaine, qui est celle du code qui nous régit, qu'on emploie exclusivement dans nos tribunaux, qui règne sans rivale dans nos écoles, et qui retentit dans les grandes chaires de l'Eglise de France, c'est être utile à son pays et à l'Univers.

Et remarquez que la langue française s'avance, comme un conquérant, du Nord au Midi, et porte insensiblement plus loin les frontières. Eh! pourquoi, lorsqu'il s'y rencontre des avantages, ne favoriserions-nous pas nous-mêmes le progrès? Dans tout ce qui est du domaine humain, il faut profiter de ce que l'action et les découvertes des siècles amènent d'améliorations. Les vieilles coutumes locales, qui exposaient à tant de discussions et de procès, n'ont-elles pas été abolies avec avantages par une législation uniforme? Pourquoi ne recevrions-nous pas la langue accréditée avec laquelle il faut traiter nécessairement de toutes les affaires graves, capitales, la seule qui, un peu loin de nos foyers, peut nous mettre en communication avec les hommes, et dont l'ignorance expose la société à des mécomptes sans cesse renaissants. Les chemins de fer, les bateaux à vapeur, se chargent désormais de l'enseigner sur toute la surface du globe. Noble et grande mission!!

Ce ne sont plus des mers, des degrés, des rivières,
Qui bornent l'héritage entre l'humanité:
Les bornes des esprits sont leurs seules frontières;
Le monde en s'éclairant s'élève à l'unité.

Ma patrie est partout où rayonne la France,
Où sa langue répand ses décrets obéis!
Chacun est du climat de son intelligence;
Je suis concitoyen de tout homme qui pense;
La vérité, c'est mon pays!!

Ecoulons nos produits, l'or, la laine et la soie
Avec la liberté, fruit qui germe en tout lieu!
Et tissons de repos, d'alliance et de joie,
L'étendard sympathique où le monde déploie
L'unité, ce blason de Dieu!!

Metz. — Imprimerie de J.-P. Toussaint,
place d'Austerlitz, 28.

www.ingramcontent.com/pod-product-compliance
Ingram Content Group UK Ltd.
Pitfield, Milton Keynes, MK11 3LW, UK
UKHW020947180726
13838UKWH00003B/1180